AF591293

SOCIÉTÉ IMPÉRIALE ET CENTRALE D'AGRICULTURE.

EXPÉRIENCE

SUR

LA VALEUR ALIMENTAIRE

DE

PLUSIEURS VARIÉTÉS DE BETTERAVES

INTRODUITES DANS LA RATION

DES BOEUFS DE TRAVAIL,

par M. Émile Baudement,
Professeur au Conservatoire impérial des Arts et Métiers, membre de la Société Centrale d'agriculture, etc.

EXTRAIT DES MÉMOIRES DE LA SOCIÉTÉ IMPÉRIALE ET CENTRALE D'AGRICULTURE. — Année 1853.

Parmi les travaux auxquels la Betterave a donné lieu, aucun n'a eu pour objet de constater expérimentalement la valeur nutritive de plusieurs variétés de cette plante comparées entre elles. Le petit nombre de renseignements que nous possédons sur la Betterave, considérée comme fourrage, nous sont, d'ailleurs, fournis par des observateurs agissant dans des situations différentes qui n'ont pas toujours été précisées par eux; d'après des méthodes qui n'ont point d'unité; sur des animaux qui pouvaient ne pas se trouver dans des conditions identiques de travail, de production, ni d'aptitude; avec des plantes qui ne s'étaient pas développées dans un même milieu.

Les expériences comparatives dont je vais rendre compte ont eu pour but spécial de comparer la valeur nutritive de plusieurs variétés de Betteraves; ce résultat dernier s'appuie lui-même sur des conséquences de deux sortes, *physiolo-*

giques et *économiques*, qui établissent, dans ce travail, deux parties étroitement liées l'une à l'autre.

Les conséquences *physiologiques* sont relatives à l'influence du travail sur les variations que les animaux éprouvent dans leur poids; — aux oscillations que les animaux subissent dans leur poids, même quand ils sont soumis à un régime constant; — au rôle combiné des matières azotées et des matériaux spécialement destinés à la respiration, pour l'entretien des animaux; — à la quantité de ces deux ordres de substances que les animaux exigent proportionnellement à leur poids; — aux besoins des animaux de poids faible, comparés aux besoins des animaux de poids plus considérable.

Les conséquences *économiques* se rapportent au rendement brut par hectare de chacune des variétés de Betteraves, mis en regard de leur rendement en matières utilisables par les animaux; — à la quantité de rations que chaque variété peut fournir à l'hectare; — à la classification enfin des variétés étudiées, quant à leur valeur nutritive sous un poids donné, et quant à leur valeur économique générale appréciée par hectare.

En 1851, six variétés de Betteraves ont été cultivées sur le champ d'expérience de l'Institut agronomique. Le sol, argilo-siliceux, avait été fumé, durant l'hiver, à raison de 60,000 kilogr. de fumier de ferme par hectare, et avait reçu trois labours. L'ensemencement eut lieu le 16 mai; l'arrachage dura du 25 octobre au 15 novembre. Tous les détails, inutiles à rappeler ici, relatifs à la culture, aux conditions météorologiques, au rendement et à l'ensilage, ont été consignés dans le rapport de M. le Professeur d'agriculture (1).

Les six variétés adoptées étaient :

La Betterave-Disette blanche;

La Betterave champêtre, ou Disette ordinaire;

La Betterave grosse jaune, ou de Castelnaudary;

---

(1) *Annales de l'Institut agronomique*, 1re année, pages 71-79.

La Betterave globe rouge;

La Betterave globe jaune; et

La Betterave blanche à collet vert, ou Betterave de Silésie.

L'ordre que je viens de suivre pour désigner ces variétés est celui dans lequel elles se sont classées quant à leur faculté de se cacher dans le sol. La *Disette blanche* montrait au dehors tout le corps de sa racine; la *Betterave champêtre* était un peu moins saillante; la *Grosse jaune*, la *Globe rouge* et la *Globe jaune* s'enterraient à moitié; la *Silésie* disparaissait tout entière. Je ferai remarquer, en passant, que la richesse en sucre a été tout à fait d'accord avec cette propriété des racines de s'élever de terre à des hauteurs variables: la quantité de sucre augmentait selon que la racine était moins exserte.

Afin d'apprécier la valeur nutritive de ces variétés diverses, je choisis pour sujets d'expérience des bœufs de travail, c'est-à-dire des animaux à l'entretien, qui devaient ainsi mieux accuser les résultats, en ne les compliquant pas des phénomènes mixtes qu'auraient naturellement introduits le développement de jeunes animaux en voie de formation, l'accroissement d'animaux à l'engrais, ou la sécrétion lactée de vaches nourrices ou en plein rapport.

Ces bœufs, au nombre de vingt-quatre, appartenaient aux races normande, nivernaise, charolaise, morvandelle, cholette, agenaise, limousine et d'Aubrac, c'est-à-dire à presque toutes les grandes races travailleuses de la France.

Onze d'entre eux avaient 8 ans; sept comptaient 7 ans; quatre, 6 ans; un était âgé de 9 ans, et un autre de 4 ans.

Associés quatre par quatre, ils composaient six attelages, formés chacun de deux couples, et dans lesquels se trouvaient appareillées, autant que possible, les conditions de race, d'âge et de poids. Je n'ai pas besoin d'ajouter que les deux compagnons de joug, réunis dans chaque couple, restaient toujours les mêmes.

Je m'étais proposé d'introduire, l'une après l'autre, chaque variété de Betteraves dans la ration de chacun des attelages, et d'alterner la distribution, d'un attelage à un autre, de telle sorte, que toutes les variétés pussent être consommées, durant une même période de l'observation. L'expérience eût été à la fois une et sextuple; les résultats comparatifs se seraient présentés successivement pour chaque attelage, et simultanément dans l'ensemble des attelages; ils auraient ainsi subi un double contrôle au profit de leur valeur propre. Malheureusement, ce plan n'a été exécuté qu'en partie, et c'est seulement du 1er mars au 9 avril 1852 que j'ai pu opérer. Deux variétés seulement se sont succédé dans la ration de chaque attelage; mais, comme les six variétés différaient pour chacun des six attelages durant un même temps, les résultats se prêtent à une combinaison facile et utile.

Quatre jours avant le commencement de l'expérience, on a donné aux bœufs une ration identique à celle qu'ils allaient recevoir, afin de les habituer à leur nouvelle condition et de les lester. Cette ration, distribuée en trois repas, se composait de foin de pré et de Betteraves, en quantités qui avaient été préalablement déterminées par des essais et d'après les exigences bien connues des animaux. Le foin fut consommé dans la proportion de 40, 44, 50 ou 55 kilogr. par jour et par attelage, suivant les besoins des bœufs; chaque attelage consomma, aussi par jour, 100 kilogr. de Betteraves, quelle que fût la variété distribuée.

L'expérience se divise naturellement en deux périodes dont la première finit et la seconde commence au moment où la variété de Betteraves change pour chaque attelage. La première période dure 18 jours; la seconde, 21 jours.

Pesés au commencement et à la fin de chaque période, les bœufs le furent encore dans le courant de chacune d'elles : quatre fois durant la première, et cinq fois durant la seconde; douze fois en tout. Le nombre total de ces pesées s'élève donc à 144.

Les pesées furent exécutées par couple, au moment où les animaux rentraient à la ferme, à onze heures, après la première attelée, et avant qu'ils prissent leur repas. Ce système de pesées par couple avait l'avantage de ne pas multiplier inutilement les opérations, comme l'auraient fait des pesées par tête; il permettait aussi une exécution facile et plus rapide, avec des animaux toujours habitués à marcher ensemble et dont quelques-uns devenaient rétifs ou méchants dès qu'on les isolait; il ne pouvait, d'ailleurs, altérer en rien les conséquences auxquelles il s'agissait d'arriver.

Quelques jours avant le commencement de l'expérience et pendant toute sa durée, la journée de travail des bœufs fut portée à dix heures et employée suivant les besoins, par attelage ou par couple, soit à défricher des bois, soit à débarder des arbres, soit à herser au scarificateur dans des terres fortes, soit à conduire du Blé à Saint-Germain, soit à charrier du fumier, soit enfin à labourer. Tous ces travaux n'imposaient pas aux animaux un égal déploiement de force, et je viens de les classer en commençant par les plus rudes. J'aurai à examiner tout à l'heure si, pour chaque couple, la fatigue totale a été la même dans chaque période, et si, par conséquent, les différences accusées par les pesées, d'une période à une autre, doivent être attribuées à la variété de Betteraves consommée, ou au travail plus ou moins pénible accompli. Cette distinction, aussi exacte que je pourrai la faire, ne reposera cependant que sur une appréciation nécessairement un peu vague de l'état général des animaux. Je regrette de n'avoir pu, par l'emploi de méthodes rigoureuses, mesurer directement le travail produit, et mettre ainsi mathématiquement en rapport la force dépensée et la réparation alimentaire obtenue; j'avais commencé, dans ce but, des études dynamométriques maintenant ajournées.

Tous les détails de l'expérience sont résumés dans les trois tableaux suivants qui donnent : l'un (*tableau* A), les résultats relatifs à la première période; l'autre (*tableau* B), les faits qui se rapportent à la seconde; le dernier (*tableau* C), le genre de travail auquel chaque couple a été soumis, pour chacun des jours de l'une et de l'autre période.

TABLEAU **A**. *Première période*

DÉSIGNATION DES ATTELAGES.	CONSOMMATION PAR ATTELAGE, quotidienne. Betteraves.	PAR ATTELAGE, quotidienne. Foin.	PAR ATTELAGE, totale. Betteraves.	PAR ATTELAGE, totale. Foin.	PAR COUPLE, quotidienne. Betteraves.	PAR COUPLE, quotidienne. Foin.	PAR COUPLE, totale. Betteraves.	PAR COUPLE, totale. Foin.	RACE des BOEUFS.	AGE des BOEUFS	NOM des BOEUFS.	Numéro des couples dans chaque attelage.
	k.	k.	k.	k.	k.	k.	k.	k.				
A	100 B. Silésie.	55	1800	990	50	27,5	900	495	Nivernaise....	7 ans.	Cadet......	1
									id.	9 »	Mignon....	
					id.	*id.*	*id.*	*id.*	*id.*	8 »	Brunet.....	2
									id.	6 »	Réveillé....	
B	100 B. Disette blanche.	55	1800	990	50	27,5	900	495	Agenaise.....	8 ans.	Corbette....	1
									id.	8 »	Gaillet.....	
					id.	*id.*	*id.*	*id.*	*id.*	7 »	Brunot.....	2
									id.	7 »	Gascon.....	
C	100 B. globe jaune.	50	1800	900	50	25	900	450	Cholette......	8 ans.	Chabraque..	1
									id.	8 »	Chambrin..	
					id.	*id.*	*id.*	*id.*	*id.*	7 »	Montbrun..	2
									id.	7 »	Châtain....	
D	100 B. globe rouge.	44	1800	792	50	22	900	396	Morvandelle..	8 ans.	Grivot......	1
									id.	8 »	Résolu.....	
					id.	*id.*	*id.*	*id.*	*id.*	8 »	Blanchot...	2
									id.	8 »	Lunet......	
E	100 B. champêtre.	50	1800	900	50	25	900	450	Charolaise....	8 ans.	Jaunet.....	1
									id.	8 »	Corbin.....	
					id.	*id.*	*id.*	*id.*	Normande....	7 »	Renaud....	2
									id.	7 »	Homard....	
F	100 B. grosse jaune.	40	1800	720	50	20	900	360	Limousine....	6 ans.	Ravillon....	1
									D'Aubrac.....	6 »	Prinçon....	
					id.	*id.*	*id.*	*id.*	Limousine....	6 »	Brennot....	2
									Charolaise....	4 »	Plutus.....	

de l'expérience.

POIDS DES COUPLES A CHACUNE DES SIX PESÉES DE LA PREMIÈRE PÉRIODE.						POIDS MOYEN entre toutes les pesées,		DIFFÉRENCES						
													entre le poids initial et le poids final	
1re pesée, 1er mars 1852.	2e pesée, 5 mars.	3e pesée, 9 mars.	4e pesée, 12 mars.	5e pesée, 16 mars.	6e pesée, 19 mars.	par couple.	par attelage.	entre la 1re et la 2e pesée.	entre la 2e et la 3e pesée.	entre la 3e et la 4e pesée.	entre la 4e et la 5e pesée.	entre la 5e et la 6e pesée.	de chaque couple.	de chaque attelage.
k.	k.	k.	k.	k.	k.	k.	k.	k.	k.	k.	k.	k.	k.	k.
1777	1777	1607	1647	1670	1631	1685	3131	0	—170	+40	+23	—39	—146	—189
1469	1436	1419	1449	1476	1426	1446		— 33	— 17	+30	+27	—50	— 43	
1517	1532	1447	1507	1502	1497	1500	2934	+ 15	— 85	+60	— 5	— 5	— 20	— 32
1470	1429	1379	1428	1441	1458	1434		— 41	— 50	+49	+13	+17	— 12	
1429	1428	1383	1393	1424	1406	1411	2813	— 1	— 45	+10	+31	—18	— 23	— 36
1418	1419	1375	1385	1415	1405	1403		+ 1	— 44	+10	+30	—10	— 13	
1201	1196	1155	1156	1189	1157	1176	2357	— 5	— 41	+ 1	+33	—32	— 44	+ 65
1078	1253	1172	1187	1209	1187	1181		+175	— 81	+15	+22	—22	+109	
1460	1469	1405	1453	1449	1431	1445	2867	+ 9	— 64	+48	— 4	—18	— 29	— 60
1432	1438	1396	1434	1431	1401	1422		+ 6	— 42	+38	— 3	—30	— 31	
1293	1218	1242	1276	1267	1233	1255	2383	— 75	+ 24	+34	— 9	—34	— 60	— 70
1145	1090	1101	1145	1155	1135	1129		— 55	+ 11	+44	+10	—20	— 10	

TABLEAU **B.** *Deuxième période*

DÉSIGNATION DES ATTELAGES.	CONSOMMATION PAR ATTELAGE, quotidienne. Betteraves.	Foin.	totale. Betteraves.	Foin.	PAR COUPLE, quotidienn. Betteraves.	Foin.	totale. Betteraves.	Foin.	RACE des BOEUFS.	AGE des BOEUFS	NOM des BOEUFS.
	k.	k.	k	k.	k.	k.	k.	k.			
A	100 B. Disette blanche.	55	2100	1155	50	27,5	1050	577,5	Nivernaise..	7 ans.	Cadet.......
									id.	9 »	Mignon......
					id.	*id.*	*id.*	*id.*	*id.*	8 »	Brunet......
									id.	6 »	Réveillé.....
B	100 B. Silésie.	55	2100	1155	50	27,5	1050	577,5	Agenaise...	8 ans.	Corbette.....
									id.	8 »	Gaillet......
					id.	*id.*	*id.*	*id.*	*id.*	7 »	Brunot......
									id.	7 »	Gascon......
C	100 B. champêtre.	50	2100	1050	50	25	1050	525	Cholette....	8 ans.	Chabraque...
									id.	8 »	Chambrin...
					id.	*id.*	*id.*	*id.*	*id.*	7 »	Montbrun...
									id.	7 »	Châtain.....
D	100 B. grosse jaune.	44	2100	924	50	22	1050	462	Morvandelle	8 ans.	Grivot.......
									id.	8 »	Résolu......
					id.	*id.*	*id.*	*id.*	*id.*	8 »	Blanchot....
									id.	8 »	Lunet.......
E	100 B. globe jaune.	50	2100	1050	50	25	1050	525	Charolaise..	8 ans.	Jaunet......
									id.	8 »	Corbin......
					id.	*id.*	*id.*	*id.*	Normande..	7 »	Renaud.....
									id.	7 »	Homard.....
F	100 B. globe rouge.	40	2100	840	50	20	1050	420	Limousine..	6 ans.	Ravillon.....
									d'Aubrac...	6 »	Poinçon.....
					id.	*id.*	*id.*	*id.*	Limousine..	6 »	Brennot.....
									Charolaise..	4 »	Plutus......

de l'expérience.

POIDS DES COUPLES A CHACUNE DES SEPT PESÉES DE LA DEUXIÈME PÉRIODE.							POIDS MOYEN entre toutes les pesées,		DIFFÉRENCES							
															entre le poids initial et le poids final	
1re pesée, 9 mars 1852.	2e pesée, 23 mars.	3e pesée, 26 mars.	4e pesée, 30 mars.	5e pesée, 2 avril.	6e pesée, 6 avril.	7e pesée, 9 avril.	par couple.	par attelage.	entre la 1re et la 2e pesée.	entre la 2e et la 3e pesée.	entre la 3e et la 4e pesée.	entre la 4e et la 5e pesée.	entre la 5e et la 6e pesée.	entre la 6e et la 7e pesée.	de chaque couple.	de chaque attelage.
k.	k.	k.	k.	k.	k.	k.	k.	k.	k.	k.	k.	k.	k.	k.	k.	k.
1631	1573	1630	1667	1669	1662	1587	1631	3083	—58	+57	+37	+ 2	— 7	—75	—44	— 4
1426	1376	1507	1470	1460	1454	1466	1451		—50	+131	—37	—10	— 6	+12	+40	
1497	1433	1487	1528	1542	1535	1477	1500	2959	—64	+54	+41	+14	— 7	—58	—20	—10
1458	1400	1440	1482	1481	1486	1468	1459		—58	+40	+42	— 1	+ 5	—18	+10	
1406	1383	1406	1436	1433	1425	1429	1411	2829	—23	+23	+30	— 3	— 8	+ 4	+23	+49
1405	1390	1375	1417	1437	1429	1431	1412		—15	—15	+42	+20	— 8	+ 2	+26	
1157	1207	1236	1235	1196	1186	1186	1200	2389	+50	+29	— 1	—39	—10	0	+29	+ 60
1187	1138	1208	1198	1188	1183	1218	1189		—49	+70	—10	—10	— 5	+35	+31	
1431	1430	1459	1451	1472	1469	1412	1446	2864	— 1	+29	— 8	+21	— 3	—57	—19	—39
1401	1391	1431	1424	1453	1445	1381	1418		—10	+40	— 7	+29	— 8	—64	—20	
1233	1243	1283	1280	1303	1293	1273	1273	2428	+10	+40	— 3	+23	—10	—20	+40	+50
1135	1075	1166	1181	1195	1192	1145	1156		—60	+91	+15	+14	— 3	—47	+10	

TABLEAU C. *Travail accompli, chaque jour, par chacun des couples,*

DÉSIGNATION DES ATTELAGES.	Numéro des couples dans chaque attelage.	RACE DES BOEUFS dans CHAQUE COUPLE.	PREMIÈRE PÉRIODE.																	
			Lundi 1er mars.	2.	3.	4.	5.	6.	Dimanche 7.	8.	9.	10	11	12	13	Dimanche 14.	15	16	17	1
A	1.	Nivernaise...........	C	C	B	L	L	B	repos	L	L	L	L	L	L	repos	D	D	D	D
	2.	*Idem*........	L	L	B	L	L	B	»	L	L	L	L	L	L	»	L	A	L	L
B	1.	Agenaise...........	C	C	L	L	L	L	»	L	H	L	L	L	L	»	A	A	D	D
	2.	*Idem*..............	C	C	L	L	L	L	»	L	H	L	L	L	L	»	A	A	D	D
C	1.	Cholette............	C	C	L	L	L	B	»	L	L	L	L	L	L	»	D	D	L	L
	2.	*Idem*..............	C	C	L	L	L	B	»	L	L	L	L	L	L	»	D	D	L	L
D	1.	Morvandelle........	C	C	L	L	L	L	»	L	L	L	L	L	L	»	D	D	D	D
	2.	*Idem*..............	L	L	L	L	L	L	»	L	L	L	L	L	L	»	L	A	L	L
E	1.	Charolaise..........	L	L	L	L	L	L	»	L	L	L	L	L	L	»	D	D	D	D
	2.	Normande..........	L	L	L	L	L	L	»	L	L	L	L	L	L	»	D	D	D	D
F	1.	Limousine. D'Aubrac.	L	L	B	L	L	L	»	L	L	L	L	L	L	»	D	D	D	D
	2.	Limousine.Charolaise	L	L	B	L	L	L	»	L	L	L	L	L	L	»	D	D	D	D

Les majuscules ont la signification suivante : D, défricher des bois ; A, débarder des arbre

L, labourer.

durant les deux périodes de l'expérience.

DEUXIÈME PÉRIODE.

20	Dimanche 21.	22	23	24	25	26	27	Dimanche 28.	29	30	31 matin.	31 soir.	1er avril.	2.	3.	Dimanche 4.	5.	6.	7.	8.	9.
D	repos.	L	L	L	L	L	L	repos.	L	L	L	repos.	L	L	L	repos.	L	L	L	L	L
L	»	L	H	H	H	H	L	»	L	L	L	»	L	L	L	»	L	L	L	L	L
D	»	H	H	H	H	H	H	»	L	L	L	»	L	L	L	»	L	L	L	L	L
D	»	H	H	H	H	H	H	»	L	L	L	»	L	L	L	»	L	L	L	L	L
L	»	L	L	L	L	L	L	»	L	L	L	»	L	L	L	»	L	L	L	L	L
L	»	L	L	L	L	L	L	»	L	L	L	»	L	L	L	»	L	L	L	L	L
D	»	L	L	L	L	L	L	»	L	L	L	»	L	L	L	»	L	L	L	L	L
L	»	L	H	H	H	H	L	»	L	L	L	»	L	L	L	»	L	L	L	L	L
D	»	L	L	L	L	L	L	»	L	L	L	»	L	L	L	»	L	L	L	L	L
D	»	L	L	L	L	L	L	»	L	L	L	»	L	L	L	»	L	L	L	L	L
D	»	L	L	L	L	L	L	»	L	L	L	»	L	L	L	»	L	L	L	L	L
D	»	L	L	L	L	L	L	»	L	L	L	»	L	L	L	»	L	L	L	L	L

herser au scarificateur ; B, transporter du blé à Saint-Germain ; C, charrier du fumier ;

En comparant, période à période, les nombres qui représentent le résultat final des pesées pour chaque attelage, on reconnaît que les différences, quel qu'en soit le sens, sont généralement exprimées par des chiffres plus élevés durant la première période que durant la seconde. Le tableau suivant établit cette comparaison.

DÉSIGNATION des attelages.	PREMIÈRE PÉRIODE.		DÉSIGNATION des attelages.	DEUXIÈME PÉRIODE.	
	Pertes.	Gains.		Pertes.	Gains.
	k.	k.		k.	k.
Attelage A....	—189		Attelage A....	— 4	
— B....	— 22		— B....	— 10	
— C....	— 36		— C....		+ 49
— D....		+ 65	— D....		+ 60
— E....	— 60		— E....	— 39	
— F....	— 70		— F....		+ 50
Total....	{ — 377 / + 65 }	= — 312	Total....	{ — 53 / + 159 }	= + 106

Ce tableau fait voir aussi que, durant la première période, cinq attelages ont perdu en poids et qu'un seul a gagné, tandis que, durant la seconde période, trois attelages ont gagné et trois ont perdu. En comptant par couple, cette répartition inégale entre les deux périodes est rendue plus évidente encore; car on trouve que, pour la première période, 11 couples sur 12 ont perdu; tandis que, pour la seconde, 8 couples sur 12 ont gagné.

Le même résumé montre encore que, toute compensation faite, la conséquence définitive a été, pour la première période, une perte totale de 312 kilogr. sur les 24 bœufs, c'est-à-dire une perte de 722 gr. par tête moyenne et par jour ; tandis que, pour la seconde période, la balance indique un gain final de 106 kilogr. pour les six attelages, ce qui donne un gain quotidien de 210 gr. par tête moyenne.

La tendance était donc à la perte dans la première période ; elle était au gain, dans la seconde. Cependant, dans l'une et dans l'autre, c'étaient bien les mêmes animaux qui consommaient d'égales quantités des mêmes aliments dans lesquels les six variétés de Betteraves figuraient des deux parts. Il est donc difficile d'abord de s'expliquer deux tendances si contraires, représentées par des nombres assez significatifs. Mais on se rend bientôt compte de cette différence quand on compare, à l'aide des données fournies par le *tableau C*, le travail accompli durant l'une et l'autre période.

On trouve alors que, sur les 828 journées fournies par les 24 bœufs, pour les 34 jours 1/2 de travail compris dans toute l'expérience, 408 journées ont été faites durant la première période, et 420 durant la seconde.

Les 408 journées de travail de la première période se décomposent en :

272	journées	employées à	labourer ;
80	—	—	défricher des bois ;
24	—	—	charrier du fumier ;
16	—	—	porter du blé à Saint-Germain ;
12	—	—	débarder des arbres ; et
4	—	—	herser au scarificateur.

Les 420 journées de travail de la seconde période se divisent en :

364	journées	employées à	labourer ;
40	—	—	herser au scarificateur ; et
16	—	—	défricher des bois.

Ainsi le travail le moins dur, le labourage, a été beaucoup plus fréquent dans la seconde période que dans la première ; au contraire, les travaux les plus fatigants, et le plus pénible de tous, le défrichement des bois, ont été bien plus souvent exigés des animaux durant la première, que durant la seconde période ; le voyage à Saint-Germain, dont les Bœufs se ressentaient plusieurs jours de suite, n'a point eu lieu dans la seconde période de l'expérience. Il en résulte que, durant la première période, les attelages ont dépensé, en somme, plus de force que durant la seconde, et c'est cette différence qui explique le résultat dont on est frappé tout d'abord, quand on compare l'une à l'autre les deux époques de l'expérience.

Il n'est pas surprenant, sans doute, de voir qu'à ration égale, les mêmes animaux perdent en poids, en raison directe de la quantité de travail produit; mais il n'est pas sans intérêt de mettre ce principe en évidence, à l'aide de faits constatés sur des animaux placés dans des conditions tout à fait comparables d'ailleurs. Il est remarquable même de voir généralement le rapport dont il s'agit se maintenir jusque dans la comparaison d'un même couple à lui-même, d'une période à une autre, et dans celle d'un couple à un autre dans un même attelage.

Ainsi, pour le premier couple *Nivernais*, le travail est plus fatigant dans la première que dans la seconde période, et il est plus pénible pour lui que pour le second couple de la même race : les pertes qu'il accuse correspondent à ces conditions.

Pour chacun des deux couples *Agenais*, la fatigue est très-sensiblement la même dans l'une et l'autre période; de plus, les deux couples sont, dans chaque période, soumis exactement aux mêmes travaux : aussi les gains ou les pertes restent dans des limites très-voisines de part et d'autre et dans chaque période.

Les deux couples *Cholets* font, durant l'une et l'autre période, absolument les mêmes travaux; mais ces travaux sont notablement plus pénibles dans la première période : tous deux perdent dans la première, et gagnent dans la seconde.

Chacun des deux couples de bœufs du *Morvan* exécute des travaux plus durs durant la première période que durant la seconde : les pesées expriment exactement ces variations. Pendant la première période, le premier couple fatigue plus que le second; le travail est, dans la seconde période, sensiblement égal de part et d'autre : les pertes ou les gains marchent d'accord avec ces prémisses.

Pour chacun des deux bœufs *Charolais* et *Normands* de l'attelage E, le travail est le même dans l'une et l'autre période, un peu plus fatigant pour tous deux durant la première : les poids répondent assez bien à ces différences.

Enfin, pour les deux couples de l'attelage F, *Limousin* et *Aubrac, Limousin* et *Charolais*, le travail est identique dans l'une et l'autre période, mais plus rude dans la première : ces différences sont traduites assez fidèlement par les pesées.

Ainsi, la cause première qui a donné, à chacune des deux périodes de l'expérience, le caractère qui la distingue, c'est le travail différent exécuté par les attelages; et cette différence, déterminant une perte dans la première période, et un gain dans la seconde, ne se manifeste pas seulement dans le résultat final, on en suit l'influence dans la comparaison détaillée des attelages et des couples.

Cette première conséquence des faits observés conduit immédiatement à une autre qui en est la suite nécessaire : si les variations dans le poids des animaux ont été produites sous l'influence de la nature du travail accompli, elles ne l'ont pas été par la nature des aliments, par les qualités diverses des variétés de Betteraves consommées.

Au reste, il ne suffit pas, pour bien poser tous les éléments de la question, d'apprécier ici l'influence du travail, il faut savoir encore si l'étendue des différences accusées par les pesées, excède les limites ordinaires des variations que subissent les animaux, lors même qu'ils reçoivent une alimentation toujours identique. C'est le moyen de n'être pas conduit à attribuer au régime ce qui ne serait que la conséquence du jeu normal des fonctions animales.

Dans un travail précédent sur l'alimentation des Chevaux, j'ai indiqué la nécessité et la possibilité de fixer, autant du moins que la nature organique peut se prêter au calcul, l'amplitude des oscillations que subit le poids des animaux soumis à un même régime, pour un temps déterminé, et de donner ainsi, aux résultats d'expérience, une sorte de coefficient qui en mesure la valeur probable (1).

Si je prends, dans ce mémoire, les faits qui se rapportent à 56 chevaux pendant une quarantaine de jours, durée égale à celle de la présente expérience sur les Bœufs de travail (2), je trouve que ces Chevaux, du poids moyen de 549 kilogr. par tête, ont éprouvé finalement des pertes ou des gains, qui ont atteint en moyenne + 14 kilogr. ou — 13 kilogr., c'est-à-dire + 333 gr. ou — 310 gr. par jour; les gains ont été aux pertes dans le rapport de 1 à 13; le gain et la perte extrêmes ont été de + 61 kilogr. et — 71 kilogr.; un tiers des chevaux a perdu de 30 à 40 kilogr., un sixième a perdu de 40 à 50 kilogr.; un autre sixième, de 20 à 30 kilogr.

En adoptant ces données comme l'expression très-vraisemblable des conséquences ordinaires de l'alimentation des animaux de travail, et en les comparant à celles que fournissent les Bœufs dans l'expérience actuelle, on voit que, bien que le poids moyen de nos Bœufs soit supérieur à celui des Chevaux, les résultats extrêmes ne sont pas aussi considérables; les gains se trouvent dans une proportion plus élevée, représentée par le rapport de 1 à 5; la perte la plus forte, celle de 49^{k},75, figure pour un sixième des animaux, absolument dans la proportion accusée par l'expérience sur les Chevaux; les autres pertes se présentent dans des rapports inférieurs à ceux qu'on constate pour ces derniers animaux.

En définitive, les gains ou les pertes éprouvés finalement par les Bœufs, n'ont pas dépassé les limites ordinaires des variations physiologiques, à l'exception du gain correspondant à la variété *Globe rouge*.

Cette conséquence, combinée avec celle que j'ai tirée précédemment de l'influence du travail, tend à prouver que,

(1) *Annales de l'Institut agronomique*, p. 121-147.

(2) *Ibid.*, au tableau de la page 134, les quatre colonnes de pesées des 20 et 27 septembre, 25 octobre et 1er novembre.

si le travail était plus ou moins pénible, il n'a jamais été excessif; elle fait présumer aussi la même conclusion sommaire, l'égalité générale de valeur nutritive des six variétés de Betteraves étudiées.

Mais cette conclusion définitive ne doit pas se tirer seulement par induction des considérations qui précèdent, elle demande à être directement établie par la comparaison détaillée des résultats qui se rapportent à la consommation de chaque variété.

En rapportant, à chacune des six variétés de Betteraves les résultats des pesées par couple dans chaque période, et en cherchant quelle a été, pour chaque variété, la balance finale, la perte ou le gain quotidien par tête moyenne, et pour 100 kilogr. du poids vif des animaux, on forme le tableau suivant :

VARIÉTÉ de BETTERAVES consommée.	PERTE OU GAIN DES BOEUFS					
	PAR COUPLE DANS CHAQUE PÉRIODE.		POUR CHAQUE VARIÉTÉ DE BETTERAVES,			
			Total,		Quotidien,	
	Première période.	Deuxième période.	par attelage.	par tête moyenne.	par tête moyenne.	p. 0/0 k. de poids vif.
	k.	k.	k.	k.	k.	k.
B. Globe rouge.	—44 +109	+40 +10	+115	+29	+0,737	+0,123
B. Grosse jaune	—60 — 10	+29 +31	— 10	— 2, 5	—0,064	—0,011
B. Champêtre..	—29 — 31	+23 +26	— 11	— 2,75	—0,070	—0,010
B. Disette blanche........	—20 — 12	—44 +40	— 36	— 9	—0,230	—0,030
B. Globe jaune.	—23 — 13	—19 —20	— 75	—18,75	—0,480	—0,068
B. Silésie.	—146— 43	—20 +10	—199	—49,75	—1,276	—0,169

Ce qui frappe tout d'abord, quand on jette les yeux sur la colonne de ce tableau qui présente le résultat dernier pour chaque variété par tête moyenne, c'est de voir qu'une seule variété, la *Globe rouge*, a conduit finalement à un gain en poids vif, tandis que les cinq autres variétés ont amené des pertes plus ou moins grandes. Ce qui est remarquable aussi, relativement à cette même variété *Globe rouge*, c'est qu'elle est la seule qui ait donné du gain durant la première période, et qu'elle a, durant la seconde période, donné du gain pour chacun des deux couples qui l'ont consommée. Abstraction faite des nombres qui expriment les résultats des pesées, elle est donc la seule dont l'emploi coïncide trois fois avec des gains; elle est, en outre, la seule qui fasse sortir les poids des animaux de leurs limites normales, par l'étendue des oscillations qu'elle détermine; elle semble donc trahir une action décidément plus marquée et plus favorable dans l'alimentation, une valeur nutritive plus grande.

Quant aux cinq autres variétés, les pertes qui résultent de leur consommation ont été plus ou moins balancées par des gains dans le cours de la seconde période, et les différences finales qui leur correspondent restent, d'ailleurs, dans les limites physiologiques des variations de poids sous l'influence d'un régime constant. Une seule d'entre elles, la *Globe jaune*, a quatre fois constitué les couples en perte; mais ces pertes et celles qui se rapportent aux autres variétés sont représentées par des nombres faibles; elles ne sont un peu considérables que pour la *B. de Silésie*, qui s'éloigne ainsi notablement des autres variétés : elle a donné, durant la première période, une perte de 146 kilogr. dans un couple (couple n° 1 de l'attelage A); c'est même cette perte qui affecte d'une manière notable les résultats relatifs à cette variété et tend à la faire considérer comme douée d'une valeur nutritive inférieure à celle des autres variétés expérimentées. Y a-t-il eu, pour le couple qui accuse cette perte exceptionnelle, quelque condition individuelle et spéciale agissant en dehors des causes appréciables? On serait tenté de le croire, quand on voit qu'à part cette perte extraordinaire et le gain un peu considérable d'un couple qui recevait la *Globe rouge* (couple n° 2 de l'attelage D), les nombres qui représentent les variations en poids sont compris dans des limites très-resserrées. Aussi, c'est le sens même des signes qui affectent les résultats, bien plus que la grandeur des résultats eux-mêmes, qui me semble avoir ici de l'importance.

J'ai déjà dit, en effet, que, durant la première période, les travaux auxquels furent soumis les animaux, appelaient des variations plus grandes que durant la seconde; or, c'est précisément dans la première période que se montrent les deux termes exceptionnels + 109 kilogr. et — 146 kilogr., exprimant le gain ou la perte d'un couple de Bœufs. En dehors de ces nombres, et spécialement durant la seconde période, les variations sont représentées par des nombres moins brusquement divergents et plus compensateurs.

De tous ces faits, il faut donc conclure que la valeur nutritive des six variétés, appliquée à l'entretien des Bœufs de travail, est sensiblement égale, sauf une valeur un peu plus grande en faveur de la *Globe rouge*, et peut-être, pour prendre les faits dans toute leur rigueur, une valeur un peu plus faible de la *Silésie*. Entre ces deux limites se rangeraient les quatre autres variétés, à des distances tellement petites et dont il est si difficile de garantir la valeur absolue, qu'on peut les considérer comme placées à un même niveau.

Ces conclusions blesseront peut-être quelques idées assez communément répandues, au moins quant à la valeur relative de la *Betterave de Silésie* et de la *Betterave champêtre*; mais je ferai remarquer d'abord que, si j'essaye de tirer, des faits soigneusement constatés, toutes les conséquences qu'ils renferment, je suis bien loin de prétendre que cette expérience donne le dernier mot sur la question. Je demanderai ensuite d'après quelles observations précises les idées auxquelles je fais allusion se sont produites. Comme je le disais au commencement de ce travail, je ne connais aucune expérience qui ait eu pour but d'étudier comparativement plusieurs variétés de la Betterave, au point de vue de l'alimentation du bétail. Les opinions qu'on a pu se former à ce sujet sont donc plus ou moins arbitraires.

Généralement, en France, on a adopté, sur la valeur comparée de la Betterave de *Silésie* et de la Betterave *champêtre*, la manière de voir de Mathieu de Dombasle. L'illustre agronome, s'appuyant sans doute sur des appréciations personnelles exactes, mais dont il ne nous a pas fait connaître l'origine, regardait les propriétés nutritives de la Betterave *champêtre* comme étant *de beaucoup inférieures* à celles de la Betterave de *Silésie* (1) ; il considérait la première comme étant plus aqueuse, et il pensait, qu'en général, trois parties en poids de la variété de *Silésie* contiennent autant de substances nutritives pour le bétail, que cinq parties de la variété *champêtre*, lorsque les circonstances de culture ont été les mêmes pour l'une et pour l'autre (2). A côté de cette détermination ainsi précisée en nombres, viennent se placer des assertions plus ou moins fondées, suivant lesquelles il faudrait admettre l'égalité de valeur nutritive pour les deux variétés comparées, ou même une supériorité en faveur de la Betterave *champêtre*.

D'après la théorie qui considère les propriétés nutritives des fourrages comme étant proportionnelles à leur richesse en azote, les deux variétés dont il s'agit n'auraient pas toujours non plus la même valeur relative. Nous voyons, en effet, que M. Boussingault, ayant analysé ces deux variétés de la récolte de 1838 (3), a trouvé 0,21 d'azote dans 100 parties de Betterave *champêtre* non desséchée, et que la Betterave de *Silésie* lui a donné, dans les mêmes conditions, 0,18 d'azote. Ce résultat tendrait donc à faire regarder les propriétés nutritives de la Betterave *champêtre* comme étant supérieures à celles de la Betterave de *Silésie*, dans le rapport de 7 à 6. Mais le même savant a donné une autre analyse des deux variétés (4), d'après laquelle la Betterave *champêtre*

---

(1) *Annales de Roville*, 7e livraison, p. 124.
(2) *Ibid.*, *ibid.*, p. 211-212.
(3) *Économie rurale*, 1re édit., tome II, p. 439.
(4) *Ibid.*, 2e édit., tome II, p. 357.

dosait 0,21 d'azote, et la Betterave de *Silésie*, 0,25 ; dans ce cas, la supériorité serait donc en faveur de la Betterave de *Silésie*, et représentée par le rapport de 5 à 4. Au reste, vu l'alternance des résultats et la légère différence des rapports obtenus, si je devais tirer une conséquence de ces analyses, je dirais que la valeur nutritive des deux variétés est sensiblement la même.

Telles sont les indications que possède la science agricole, les seules qui présentent des résultats comparatifs dus à un même observateur. J'aurai occasion de parler plus loin de certains équivalents attribués à telle ou telle variété ; mais ces équivalents, bien que se rapportant à des variétés distinctes, ont été donnés par des observateurs dont chacun n'étudiait qu'une seule variété, et les nombres ainsi obtenus ne sont plus directement comparables.

Je ne sache pas qu'ailleurs, plus qu'en France, on ait tenté des expériences comparatives sur plusieurs variétés de Betteraves; mais je trouve, exprimée par un praticien anglais, une opinion (1), suivant laquelle la Betterave *champêtre* serait de toutes les racines cultivées pour le bétail, celle qui l'emporte en poids et en valeur nutritive, et qui coûte le moins à produire ; la Betterave de *Silésie* donnerait un rendement inférieur à celui des autres variétés, et serait moins hâtive; la *Globe rouge* donnerait fréquemment un rendement plus grand et serait d'une valeur nutritive égale à celle de toute autre variété; la *Globe jaune*, analogue à la précédente, ne serait pas cependant aussi productive, donnerait plus de sucre qu'elle et serait plus fibreuse. Je cite cette opinion parce qu'elle se trouve généralement en harmonie avec les résultats de mon expérience, qui montre la *Globe rouge* se plaçant en tête des autres variétés, suivie de près par la Betterave *champêtre*, à une certaine distance par la *Globe jaune*, et de plus loin par la *Silésie*, celle des variétés dont il est question que l'auteur paraît le moins estimer. De plus, pour ces quatre

(1) *Farmer's magazine*, n° de juin 1852 (by a practical farmer).

mêmes variétés, le rendement le plus considérable a été donné, en effet, par la Betterave *champêtre*, et le rendement de la *Globe rouge* n'est pas resté de beaucoup au-dessous; la *Globe jaune* s'est montrée moins productive que la précédente; la *Silésie*, moins que les trois autres. A l'analyse (1), la *Globe jaune* a donné plus de sucre que la *Globe rouge*, conformément à l'indication de mon auteur, et j'ai trouvé qu'elle contenait aussi plus de ligneux et de cellulose. En présence de ces coïncidences si frappantes, il est bien à regretter que nous ne connaissions aucune des circonstances au milieu desquelles se sont produits les faits sur lesquels se fonde l'opinion pratique que je mentionne; c'est un argument qui vient encore, après tant d'autres, prouver l'avantage des méthodes scientifiques, même pour la pratique agricole.

Après avoir discuté les données brutes de l'expérience et indiqué les conclusions sommaires auxquelles elles conduisent, je crois qu'il n'est pas sans intérêt ni sans utilité de chercher si les conséquences obtenues sur la valeur comparée des variétés de Betteraves, concordent avec leur composition propre et peuvent y être rattachées comme un effet à sa cause. L'analyse des aliments consommés par les Bœufs permet cette étude. Pour cette analyse, j'ai pris les échantillons de Betteraves, durant leur consommation même par les animaux, et de telle manière qu'ils pussent représenter, aussi exactement que possible, l'état moyen de chaque variété; les échantillons de foin ont été choisis avec les mêmes précautions.

Voici les résultats que l'analyse a fournis sur la constitution des substances alimentaires consommées :

---

(1) *Annales de l'Institut agronomique*, p. 76.

POUR 100 DE	EAU.	SUBSTANCE sèche.	CENDRES.	LIGNEUX et cellulose	MATIÈRES grasses.	SUCRE ou analogue.	MATIÈRES azotées.	AZOTE.
B. Disette blanche	78,694	21,306	1,252	1,536	0,229	16,764	1,525	0,244
B. Champêtre	82,814	17,186	1,069	2,218	0,283	12,503	1,113	0,178
B. Grosse jaune	80,512	19,488	0,896	1,664	0,321	14,951	1,656	0,265
B. Globe rouge	80,048	19,952	1,376	1,581	0,477	13,918	2,600	0,416
B. Globe jaune	79,318	20,682	1,088	2,146	0,260	15,519	1,669	0,267
B. Silésie	81,600	18,400	1,106	2,328	0,261	13,549	1,156	0,185
Foin de pré	8,084	91,916	5,983	39,148	4,040	38,507	4,238	0,678

Dans l'ordre d'idées que je suis, le fait le plus remarquable qui résulte de la comparaison de ces analyses, c'est la richesse de la variété *Globe rouge* en matières azotées: richesse exprimée par **2,6** pour **100**; richesse qui coïncide, d'après ce que j'ai montré précédemment, avec un gain exceptionnel en poids vif. D'après tout ce que nous savons sur les fonctions de la machine animale, un tel résultat n'a rien qui doive sembler extraordinaire, surtout si l'on veut remarquer, abstraction faite de toute idée théorique trop absolue, qu'il s'agit ici d'aliments dont la constitution générale est uniforme; dont les éléments, de nature identique, sont associés conformément à un même type; qui forment, en un mot, un groupe naturel. En s'en tenant à cette idée générale de groupement naturel, la seule, suivant mes observations, qui permette de comparer l'effet utile et la composition des aliments, on comprend, qu'à constitution analogue, la valeur nutritive d'un aliment croisse en raison de sa teneur en matières organiques azotées. C'est ainsi, d'ailleurs, que semblent s'expliquer ici les faits relatifs à la *Globe rouge*.

Quant aux autres variétés, si les pertes définitives en poids vif qu'elles ont amenées, ne correspondent pas absolument à leur richesse en matières azotées, elles restent toutefois sensiblement en rapport avec celle-ci. En effet, j'ai établi plus haut que les variations éprouvées par les Bœufs, sous l'influence de ces cinq variétés de Betteraves, ne sortaient pas des limites ordinaires entre lesquelles oscille le poids des animaux à l'entretien, sauf, peut-être, celles qui se rapportent à la Betterave de *Silésie*. Or, au dessous de la *Globe rouge*, les cinq autres variétés, notablement moins riches en matières azotées, peuvent se distinguer en deux groupes: dans l'un se rangeraient la *Disette blanche*, la *Grosse jaune* et la *Globe jaune*, dont la teneur est exprimée par **1,53**, **1,66** et **1,67** pour **100**, c'est-à-dire par des nombres très-voisins; et dans l'autre, se placerait la Betterave *champêtre* et la *Silésie* qui ont donné, à l'analyse, **1,11** et **1,16** de matières azotées pour **100**. Les trois variétés que je viens de nommer dans le premier groupe, se sont classées, quant à leur action sur les animaux, entre la *Globe rouge* et la *Silésie;* celle-ci occupe le dernier rang sous le rapport de son effet utile, de même qu'elle prend place dans le second groupe, au point de vue de sa teneur en matières azotées.

Il est vrai que la Betterave *champêtre* ne se classe pas rigoureusement suivant ces principes; mais je rendrais mal ma pensée, si je laissais croire que je veux poursuivre le parallèle que j'établis, jusque dans les fractions des nombres sur lesquels il repose. Pour la composition des Betteraves, comme pour les résultats des pesées, ce sont seulement les conséquences générales et bien accusées que j'essaye de mettre en évidence; dans ces limites, je trouve deux catégories à distinguer : celle que forme seule la *Globe rouge;* et celle que composent les cinq autres variétés avec quelques nuances individuelles trop vagues pour qu'on les puisse préciser.

Si j'ai parlé seulement des matières azotées jusqu'ici, ç'a été pour indiquer de suite les faits les plus saillants révélés par l'analyse; mais, malgré l'incontestable importance de ces matières, la physiologie nous apprend qu'elles ne jouent pas seules un rôle essentiel dans les phénomènes de la nutrition. Sans parler de l'eau, les matières qui servent à la respiration sont indispensables aussi à l'économie, et doivent être contenues en quantité convenable dans la ration. Sous ce rapport, et si l'on évalue en équivalents de carbone les matériaux qu'offrent, à la combustion respiratoire, les matières grasses unies aux substances saccharoïdes ou analogues, on trouve, dans l'analyse des variétés de Betteraves, quelques particularités curieuses. Ainsi la Betterave *champêtre* et la *Silésie* constituent encore un petit groupe dans lequel les matériaux destinés à la respiration sont en plus petite proportion : de 5,5 à 6,0 pour 100. Les autres variétés, moins la *Globe rouge*, forment aussi un autre groupe, comme tout à l'heure, et contiennent, en matériaux respiratoires, 6,6, 6,8 et 7,3 pour 100. La *Globe rouge* se place entre ces deux groupes et renferme, de ces mêmes matières, 6,3 pour 100.

quantité supérieure à celle du premier groupe, et dont la faible infériorité, relativement à celle du second, est compensée sans doute par la plus grande teneur en matières azotées. Pour les matériaux de la respiration, comme pour les substances azotées, la composition des Betteraves reste donc sensiblement d'accord avec les résultats des pesées, et peut les expliquer.

A l'aide de toutes les données que l'expérience m'a fournies, j'ai cherché à déterminer quelle est la quantité de matières azotées et la quantité de matériaux spécialement destinés à la respiration, que doit contenir la ration normale d'entretien de Bœufs de travail semblables à ceux que j'ai étudiés. Pour arriver à cette détermination importante, la seule qui permettra peut-être un jour de former, pour nos animaux domestiques, des rations équivalentes, j'ai adopté la marche suivante :

J'ai calculé d'abord quelle avait été, par période, la quantité absolue de matières azotées et d'équivalents de carbone, que chaque couple avait reçue par jour dans chaque attelage, avec sa ration de foin et de Betteraves; j'ai pu composer alors le tableau qui suit :

DÉSIGNATION DES ATTELAGES.	CONSOMMATION QUOTIDIENNE PAR COUPLE.					
	PREMIÈRE PÉRIODE.			DEUXIÈME PÉRIODE.		
	Nature des aliments.	Quantité de mat. assimilables.		Nature des aliments.	Quantité de mat. assimilables.	
		Mat. azotées.	Mat. respir.		Mat. azotées.	Mat. respir.
		k.	k.		k.	k.
A.	Foin...........	1,165	5,559	Foin...........	1,165	5,559
	B. Silésie.......	0,578	2,976	B. Disette blanch.	0,763	3,635
		1,743	8,535		1,928	9,194
B.	Foin...........	1,165	5,559	Foin...........	1,165	5,559
	B. Disette blanch.	0,763	3,635	B. Silésie......	0,578	2,976
		1,928	9,194		1,743	8,535
C.	Foin...........	1,060	5,053	Foin...........	1,060	5,053
	B. Globe jaune..	0,835	3,389	B. Champêtre...	0,557	2,767
		1,895	8,442		1,617	7,820
D.	Foin...........	0,932	4,447	Foin...........	0,932	4,447
	B. Globe rouge..	1,300	3,162	B. Grosse jaune.	0,828	3,300
		2,232	7,609		1,760	7,747
E.	Foin...........	1,060	5,053	Foin...........	1,060	5,053
	B. Champêtre...	0,557	2,767	B. Globe jaune.	0,835	3,389
		1,617	7,820		1,895	8,442
F.	Foin...........	0,848	4,043	Foin...........	0,848	4,043
	B. Grosse jaune.	0,828	3,300	B. Globe rouge.	1,300	3,162
		1,676	7,343		2,148	7,205

Ce tableau n'est que l'expression détaillée des relations générales que je viens de signaler entre le poids des animaux aux diverses phases de l'observation, et la richesse de la ration en matières azotées et en matériaux respiratoires. On en peut tirer la composition de la ration par tête moyenne, et rapporter enfin la consommation en matières assimilables à 100 kilogrammes du poids vif des animaux. Ce dernier calcul est, en définitive, celui qui permettra d'évaluer les besoins de l'économie suivant le poids des Bœufs, et d'arriver ainsi à la détermination qui fait l'objet de ces recherches.

Tous les éléments de cette détermination sont réunis dans le tableau suivant, dans lequel la quantité de matières assimilables consommées par tête moyenne et pour 100 kilogrammes de poids vif, est indiquée en regard du poids moyen des Bœufs pour l'une et l'autre période de l'expérience.

Désignation des attelages.	Consommation quotidienne par tête et pour 100 kilogr. de poids vif. — Première période. — Poids moyen par tête.	Quantité de matières assimilables consommées — par tête ou pour 100 kil. de poids vif.	Matières azotées.	Matières respiratoires.	Deuxième période. — Poids moyen par tête.	Quantité de matières assimilables consommées — par tête ou pour 100 kil. de poids vif.	Matières azotées.	Matières respiratoires.
A......	783 k.	par tête moyenne........... pour 100 kil. de poids vif.....	0k,872 0,111	4k,268 0,545	771 k.	par tête moyenne.......... pour 100 kil. de poids vif....	0k,964 0,125	4k,597 0,596
B......	734	par tête moyenne........... pour 100 kil. de poids vif.....	0,964 0,131	4,597 0,626	740	par tête moyenne.......... pour 100 kil. de poids vif....	0,872 0,118	4,268 0,577
C......	704	par tête moyenne........... pour 100 kil. de poids vif.....	0,948 0,135	4,221 0,600	707	par tête moyenne.......... pour 100 kil. de poids vif....	0,809 0,114	3,910 0,553
D......	589	par tête moyenne........... pour 100 kil. de poids vif.....	1,116 0,189	3,800 0,645	597	par tête moyenne.......... pour 100 kil. de poids vif....	0,880 0,147	3,874 0,649
E......	717	par tête moyenne........... pour 100 kil. de poids vif.....	0,809 0,113	3,910 0,545	716	par tête moyenne.......... pour 100 kil. de poids vif....	0,948 0,132	4,221 0,589
F......	596	par tête moyenne........... pour 100 kil. de poids vif.....	0,838 0,141	3,672 0,616	607	par tête moyenne.......... pour 100 kil. de poids vif....	1,074 0,177	3,603 0,594

Afin de rendre plus facile à saisir l'influence de la richesse de la ration sur l'économie des animaux, j'extrais du précédent tableau la consommation quotidienne pour 100 kilogrammes de poids vif seulement, et je donne la perte ou le gain qui correspond à cette consommation et à ce poids. En classant ces dernières données d'après le poids des Bœufs par tête moyenne dans chacune des deux périodes de l'expérience, elles se groupent dans la forme suivante :

DÉSIGNATION des attelages.	POIDS VIF par tête moyenne.		CONSOMMATION QUOTIDIENNE en matières assimilables pour 100 k. de poids vif.		PERTE ou GAIN quotidien pour 100 kil. de poids vif.
	Première période.	Deuxième période.	Mat. azotées.	Mat. respirat.	
	k.	k.	k.	k.	k.
D......	589		0,189	0,645	+ 0,153
F......	596		0,141	0,616	— 0,163
D.... .		597	0,147	0,649	+ 0,119
F......		607	0,177	0,594	+ 0,098
C......	704		0,135	0,600	— 0,071
C..		707	0,114	0,553	+ 0,083
E		716	0,132	0,589	— 0,065
E......	717		0,113	0,545	— 0,116
B......	734		0,131	0,626	— 0,042
B......		740	0,118	0,577	— 0,016
A......		771	0,125	0,596	— 0,006
A......	783		0,111	0,545	— 0,335

Pour discuter convenablement les résultats comparatifs fournis par ce résumé, je ne dois pas oublier les conclusions principales auxquelles m'ont déjà conduit les faits précédemment interrogés à un autre point de vue, et d'où il résulte que la ration administrée aux Bœufs était généralement suffisante; qu'un travail un peu plus rude explique les pertes plus considérables de la première période, de même qu'un travail plus facile explique les gains de la seconde; et que la balance définitive des gains et des pertes reste généralement dans les limites communes des variations qu'éprouvent les animaux à l'entretien. Les faits ainsi posés, on pourrait immédiatement en tirer cette conséquence que, si la ration moyenne reçue par les Bœufs de l'expérience suffitn ormalement à leur alimentation, il ne s'agit plus que de chercher la composition moyenne de cette ration, pour savoir aussitôt quelle quantité de matières digestibles réclament les besoins de l'économie. C'est, en réalité, à cette conclusion dernière que je vais arriver; mais il n'est pas sans intérêt de passer auparavant par quelques considérations intermédiaires.

La première observation importante à faire, c'est que les gains et les pertes, appréciés pour 100 kilogrammes de poids vif, répondent généralement à la plus ou moins grande quantité de matières assimilables reçues par les animaux, et je rappellerai ici que j'entends, par matières assimilables, les matières azotées unies aux matériaux de la respiration. Le gain le plus élevé a été obtenu par les Bœufs qui consommaient la plus forte dose de ces substances assimilables combinées (attelage D, première période), bien que cette consommation eût lieu durant la première période de l'expérience; la perte la plus prononcée a été éprouvée par les Bœufs qui recevaient la proportion la plus faible de ces mêmes matières (attelage A, première période). La nécessité de ces deux ordres de substances était déjà démontrée par les faits précédemment étudiés; elle se mesure, en quelque sorte, ici, et se caractérise plus rigoureusement encore.

En groupant les Bœufs d'après leur poids moyen, on voit qu'ils peuvent se distinguer en plusieurs catégories. Les uns, en effet, pèsent de 589 à 607 kilogrammes, c'est-à-dire en nombre rond, 600 kilogrammes; d'autres pèsent de 704 à 740 kilogrammes, ou plus simplement, de 700 à 750 kilogrammes; d'autres enfin pèsent 771 ou 783 kilogrammes, soit, plus généralement, de 750 à 800 kilogrammes. Quelle est la quantité de matières assimilables que réclament les Bœufs de chacun de ces trois groupes? Cette quantité reste-t-elle toujours proportionnelle au poids vif? Voilà deux questions qu'il est du plus haut intérêt de résoudre, au double point de vue scientifique et pratique.

Si l'on cherche la composition moyenne des rations consommées par les Bœufs dont le poids est sensiblement de 600 kilogrammes, on trouve que ces rations apportaient, à 100 kilogrammes de poids vif : 164 grammes de matières azotées, et 626 grammes de matériaux respiratoires ou équivalents de carbone.

Ces deux nombres doivent exprimer assez exactement les quantités de matières assimilables exigées par les Bœufs de ce poids, puisque, trois fois sur quatre, les rations qui ont composé la moyenne que je viens de trouver, ont donné un accroissement en poids vif, et puisque la ration à laquelle correspond une perte était notablement au-dessous de cette moyenne par sa teneur en matières assimilables. En admettant donc que cette moyenne indique la richesse obligée de la ration pour 100 kilogrammes de poids vif, on trouve que la ration quotidienne totale, pour des Bœufs de 600 kilogrammes, doit être de 984 grammes de matières azotées et de 3^{k},756 de matériaux respiratoires.

Pour les Bœufs du poids moyen de 700 à 750 kil., les aliments consommés indiquent, comme composition moyenne de la ration pour 100 kil. de poids vif, 124 gr. de mat. azotées et 382 gr. de matériaux respiratoires. Mais il faut remarquer que les nombres d'où résulte cette moyenne correspondent, un cas excepté, à des pertes en poids vif; que, d'une part, les Bœufs de 704 kil. ont perdu en recevant 135 gr. de matières azotées et 600 gr. de matériaux respiratoires; et que, d'autre part, des Bœufs de 734 kil. ont aussi perdu en poids, quand ils recevaient 181 gr. de matières azotées et 626 gr. de matières respiratoires; les premiers recevaient cependant la ration la plus riche en matières azotées; les seconds, la ration la plus riche en matériaux respiratoires. Il est donc très-vraisemblable qu'en adoptant, pour la teneur en matériaux respiratoires, le nombre le plus fort que nous trouvons dans cette catégorie, et en élevant la teneur en matières azotées au-dessus de ce qu'elle est dans le cas le plus favorable, on satisfera tous les besoins physiologiques des Bœufs de ce groupe. Dans cette hypothèse, on trouve que 100 kilogr. de poids vif demandent 140 gr. de matières azotées et 626 gr. de matériaux respiratoires; la ration quotidienne totale des Bœufs de 700 à 750 kilogr. doit donc apporter aux animaux, de 980 gr. à 1^k,050 de matières azotées, et de 4^k,382 à 4^k,695 de matériaux respiratoires.

Quant aux Bœufs de 750 à 800 kil., si l'on remarque qu'avec une ration contenant 125 gr. de matières azotées et 596 gr. de matériaux respiratoires, il y a eu perte, on comprendra que la richesse de cette ration doit être augmentée; il est vrai que la perte qui correspond à la ration dont il s'agit est la plus faible de toutes celles qu'ont accusées les douze couples de l'expérience; de sorte que, si la teneur de la ration doit être plus élevée, elle ne le doit être que d'une assez faible quantité. En portant à 135 gr. la quantité de matières azotées, et à 620 gr. la quantité de matériaux respiratoires nécessaires à 100 kil. de poids vif des Bœufs de cette catégorie, on peut donc espérer rester dans les conditions d'une alimentation régulière. D'après ces bases, la ration quotidienne totale des Bœufs de 750 à 800 kil. comprendrait de 1^k,013 à 1^k,080 de matières azotées, et de 4^k,650 à 4^k,960 de matériaux respiratoires.

Rapprochés les uns des autres, les résultats relatifs aux Bœufs de chacun des trois groupes que je viens de distinguer, se présentent de la manière suivante :

Pour 100 kilogr. de poids vif,

	Mat. azot.	Mat. respirat.
Les bœufs du poids vivant moyen de 600 kil. exigent, par jour. . . .	0k,164	0k,626
Les bœufs du poids vivant moyen de 700 à 750 kil. exigent, par jour. . .	0, 140	0, 626
Les bœufs du poids vivant moyen de 750 à 800 kil. exigent, par jour. . .	0, 135	0, 620

Cette comparaison montre que les animaux d'un poids moindre exigent proportionnellement plus pour leur entretien, que les animaux d'un poids plus considérable, conséquence à laquelle m'ont déjà conduit mes expériences sur les Chevaux (1), et qui paraît se généraliser pour tous nos animaux domestiques. La différence que je signale n'est pas sans importance, puisque, pour nos Bœufs seulement, dont les poids extrêmes s'éloignent de 200 kilogrammes, elle serait représentée par une demi-botte de foin par tête et par jour.

Ces résultats me semblent assez bien concorder avec ceux que M. Boussingault a obtenus dans une expérience sur une vache laitière (2). Cette vache pesait 550 kilogrammes, et consommait une ration composée de Pommes de terre et de Regain de foin, dont la teneur en matières assimilables peut être facilement tirée des analyses fournies par le savant observateur. Déduction faite de la quantité de ces matières employées à produire 8 litres de lait environ, on trouve que cette vache recevait par jour 975 gr. de matières azotées et 3k,650 de matériaux respiratoires, ce qui donne, pour 100 kilogr. de poids vif : 177 gr. de matières azotées, et 663 gr. de matériaux respiratoires. Tous ces nombres se rapprochent de ceux que je viens de trouver pour les bœufs pesant 600 kil. vivants, mais ils sont plus élevés : double coïncidence qui concourt à établir les mêmes lois que j'ai essayé de tirer de mes expériences sur les Chevaux et sur les Bœufs de travail,

(1) *Annales de l'Institut agronomique*, p. 142-143.

(2) *Économie rurale*, 2e édit., t. II, p. 382.

à savoir : que les besoins de l'économie animale en matières digestibles ne sont pas absolument proportionnels au poids des animaux, mais qu'ils sont relativement plus considérables pour les animaux d'un poids moindre; et que la ration d'entretien, quelle que soit la nature des aliments qui la composent, foin de pré, foin de Luzerne, regain de foin, Avoine, Betteraves, Pommes de terre, ou autres, est suffisante quand elle apporte, aux animaux qui la consomment, une quantité déterminée de matières azotées combinées avec une certaine quantité de matières destinées à satisfaire à la respiration.

Cette manière de concevoir et d'exprimer la composition des rations d'entretien est analogue à celle qu'ont indiquée certains auteurs allemands et anglais, et à celle qu'a présentée M. Boussingault dans la dernière édition de son *Économie rurale*, en distinguant des équivalents *absolus*, et en plaçant, à côté de la colonne des équivalents nutritifs, déterminés d'après la teneur des divers aliments en azote, une colonne qui indique la quantité complémentaire de paille nécessaire pour parfaire la somme de matières digestibles contenues dans le foin pris pour terme de comparaison (1). Toutefois, elle en diffère notablement en ce qu'elle abandonne l'idée des équivalents nutritifs constants pour chaque fourrage en particulier, et lui substitue la notion des rations équivalentes. A proprement parler, il n'y a pas deux aliments qui soient exactement équivalents, c'est-à-dire qui puissent, sous un poids proportionnel, produire le même effet utile sur la machine animale; mais on peut reconnaître, dans la série des fourrages administrés au bétail, plusieurs groupes naturels composés d'aliments dont la constitution est analogue, la composition élémentaire très-voisine, et qui peuvent ainsi se remplacer mutuellement, tout en tenant compte de la plus ou moins grande richesse des uns ou des autres en matières assimilables. Tel est le groupe des fourrages secs, celui des pailles, celui des fourrages verts, celui des racines

(1) *Économie rurale*, 2e édit, t. II, p. 356.

et tubercules, celui des graines de céréales, celui des graines de légumineuses, celui des graines oléagineuses, celui des tourteaux. On peut même réunir quelques-uns de ces groupes ensemble, d'après les principes mêmes qui président à la formation de chacun d'eux, et établir, entre les catégories d'un ordre plus élevé, des rapports de valeur nutritive. Ainsi, le groupe de foins et celui de pailles forment une sorte de famille dans laquelle on trouve une constitution physique analogue ; une composition moyenne très-voisine quant à l'eau, au ligneux et aux matières respiratoires, et où les matières azotées seules diffèrent notablement ; on conçoit, dès lors, la possibilité de baser, sur cette différence, une évaluation de leurs qualités nutritives. Le groupe des fourrages verts et celui des racines et tubercules constituent, de leur côté, une autre famille, dans laquelle l'eau et les matériaux respiratoires figurent pour des quantités assez semblables, tandis que le ligneux et les matières azotées y entrent dans des proportions d'après lesquelles on peut comparer les aliments d'un groupe à ceux de l'autre. Je pourrais caractériser plusieurs autres groupements si c'était ici le lieu de traiter cette question.

Mais, d'une de ces familles ainsi constituées à l'autre, des foins aux graines de légumineuses, par exemple, il me paraît difficile d'établir un lien scientifique ou pratique, et d'apprécier, en nombre, le rapport de l'effet utile produit par l'une et par l'autre. Je comprends, au contraire, que, par une association bien entendue d'aliments, on puisse obtenir une réelle équivalence, aussi bien au point de vue de l'état et du volume de la ration, qu'au point de vue de sa valeur ; je comprends, en un mot, la possibilité de former des rations équivalentes, mais il me semble que les équivalents nutritifs proprement dits, établis d'un bout à l'autre de la série des fourrages, d'après une unité de convention, dépassent la vérité du principe et en exagèrent l'application.

N'est-ce pas à cette exagération qu'on peut attribuer le peu d'extension qu'a prise, dans la pratique, l'emploi des équivalents nutritifs ; et ne peut-on pas expliquer, d'après les caractères des catégories diverses d'aliments employés, la nature des résultats différents obtenus? Il faut, en outre, remarquer que l'unité de comparaison a été prise arbitrairement par chacun de ceux qui se sont occupés de la question, et qu'elle diffère ainsi d'un observateur à un autre sans que les moyens nous aient été fournis de concilier les divergences. Si l'on combine ces causes diverses d'erreurs avec la variabilité d'un même aliment suivant les localités et suivant les années, il semble que c'est seulement dans les limites que j'essayais de tracer tout à l'heure, et avec les restrictions que je posais, qu'il est permis d'espérer une comparaison exacte des qualités nutritives des rations.

Une autre cause, à laquelle on a fait peu d'attention jusqu'ici, me paraît encore pouvoir faire varier l'effet utile d'un même aliment, administré d'ailleurs dans des conditions tout à fait identiques; je veux dire, la proportion pour laquelle cet aliment entre dans la ration. J'ai recueilli, de la bouche de plusieurs praticiens, non pas des faits bien précis, mais des indications générales d'après lesquelles l'effet utile de la ration varierait, bien qu'elle fût composée exactement des mêmes aliments, suivant que chacun de ces aliments formerait une fraction plus ou moins grande de la ration totale. La remarque a été faite notamment à propos de la Betterave associée au foin, et il me semble qu'on peut se rendre compte de ce résultat à l'aide des faits constatés dans mon expérience.

Prenons, par exemple, la ration qui apporte à nos Bœufs de 600 kilogrammes la somme de matières azotées et de matériaux respiratoires que réclame leur organisation : cette ration comprendra, par tête et par jour, 10 kilogrammes de foin et 25 kilogrammes de Betterave Globe rouge, comme ç'a été le cas pour l'expérience. Admettons un instant que l'équivalent nutritif de cette variété de Betteraves soit 2, notre foin étant pris pour unité, et formons plusieurs rations d'après ces équivalents, en faisant varier la proportion des aliments composants. Nous pourrons d'abord supposer une ration dans laquelle entreraient 17 kil. 5 de foin et 10 kil. de Betteraves ; cette ration, comparée à la précédente, sera sensiblement plus pauvre en matières azotées et plus riche en matériaux respiratoires; on peut logiquement admettre que son effet utile sera un peu inférieur, car, si les matières azotées, quand elles excèdent la quantité normale, peuvent suppléer les matières carbonées, en fournissant un aliment à la combustion respiratoire, les matériaux respiratoires ne sauraient remplacer les matières azotées. Pour une ration qui serait formée, toujours d'après les mêmes équivalents, de 7 kilogr. de foin et de 31 kilogr. de Betteraves, la composition et, par suite, l'effet utile se produiraient en sens inverse des derniers. Dans chacun de ces trois exemples, le poids total de la ration consommée, la proportion d'eau et de ligneux qu'elle fournit, sont, en outre, des quantités différentes qui ne restent certainement pas sans influence sur le phénomène de l'assimilation.

J'ajouterai qu'il paraît résulter d'observations diverses qu'il existe, pour les différents aliments, une quantité proportionnelle à laquelle ils semblent produire leur maximum d'effet utile, c'est-à-dire, à laquelle l'assimilation des principes nutritifs qu'ils contiennent est la plus complète.

Il est bien évident que, dans cet ordre de faits, les résultats varieraient avec la composition du foin et avec celle des Betteraves, et qu'ils seraient d'autant plus divergents pour chaque sorte de ration, que les matières azotées et respiratoires s'associeraient, dans chaque aliment composant, en proportions qui s'éloigneraient davantage de celles qu'exigent les besoins des animaux, et qu'implique la nature de l'aliment. Ne pourrait-on pas trouver en partie, dans ces faits, l'explication de certaines observations physiologiques relatives à l'influence de la variété des aliments sur l'assimilation ? N'est-ce pas là une cause à ajouter à celles qui peuvent faire comprendre les différences considérables qui existent entre les équivalents nutritifs assignés, par les divers observaleurs, à une même espèce d'aliments, et, dans l'espèce, à la Betterave ?

Ainsi, M. de Dombasle, dans ses recherches sur les propriétés nutritives de plusieurs matières alimentaires, attribua à la Betterave de Silésie, au Tourteau de Lin et à la Pomme de terre, des équivalents qui représentaient les effets utiles de ces trois aliments employés dans l'entretien des moutons. Puis, en expérimentant ces mêmes substances dans l'engraissement des moutons, il obtint des résultats qui l'étonnèrent, en ce qu'ils tendaient à donner à la Betterave une valeur proportionnellement plus élevée, comparativement aux Pommes de terre et aux Tourteaux (1). Il soupçonna que la valeur nutritive d'un aliment peut varier selon qu'on l'applique à l'entretien ou à l'engraissement des animaux. A part cette dernière hypothèse, sur laquelle je me propose de revenir dans un autre travail, les faits constatés par M. de Dombasle ne viennent-ils pas à l'appui des considérations que je présentais tout à l'heure, puisque je trouve que, dans un cas, la consommation de **100** parties de Betteraves correspondait à une consommation de **41** parties de Pommes de terre associées à **21** parties de Tourteaux de Lin; tandis que, dans l'autre cas, la consommation de **100** parties de Betteraves correspondait à une consommation de **39** parties de Pomme de terre unies à **13** parties de Tourteau? La somme des matériaux utilisables n'était donc pas égale de part et d'autre, et il n'est plus surprenant dès lors de voir les résultats varier, bien que les rations aient été composées d'après les mêmes équivalents nutritifs.

C'est probablement aussi sous l'influence de ces causes de variation, ajoutées à toutes celles qui dérivent de la composition diverse des aliments et des qualités diverses des animaux mis en observation, que se sont produites les divergences qu'on remarque entre les résultats obtenus par des expérimentateurs également habiles et consciencieux.

---

(1) *Annales de Roville*, 7e liv., p. 112, 117, 123, 129, 163.

Pour la Betterave *champêtre*, par exemple, l'équivalent nutritif varie du simple au double, en passant par tous les rapports intermédiaires, déterminés par une douzaine d'observateurs, parmi lesquels se placent Thaër, Block, Pabst, Schwerz, Veit, l'Institut d'Hohenheim, M. Boussingault. Pour la Betterave de *Silésie*, l'expérience de M. de Dombasle indique un équivalent qui exprimerait une valeur nutritive double et triple des équivalents déterminés par M. Boussingault, d'après le seul dosage des matières azotées (1).

Du rapprochement de tous ces faits relatifs à l'appréciation de la valeur nutritive des fourrages, il semble résulter : — que deux ordres de substances, les substances azotées et les substances destinées à la respiration, doivent être surtout pris en considération, quand il s'agit de satisfaire les besoins d'un animal à l'*entretien;* — que la valeur relative des aliments est en raison composée de la quantité de ces substances constitutives; — que cette valeur varie, pour un même aliment, non-seulement avec la composition de cet aliment et la nature de l'animal qui le consomme, mais aussi eu égard à la proportion pour laquelle cet aliment entre dans la composition d'une ration; — que la comparaison des fourrages entre eux ne peut se faire que par catégories, c'est-à-dire entre fourrages ayant une constitution générale, physique et chimique, semblable et appartenant ainsi à un même type de constitution organique; — que les fourrages ne forment pas une série continue de termes tous comparables; — que la représentation de la valeur alimentaire d'un fourrage par un équivalent nutritif constant, est, en conséquence, impossible, et que la seule notion exacte, au point de vue de la science, comme la seule utile, au point de vue de la pratique, est celle des équivalents généraux par groupes de fourrages, et celle des rations équivalentes.

Ces conséquences ne découlent pas seulement des faits

(1) *Écon. rurale*, 1re édit., t. II, p. 439, et 2e édit., t. II, p. 357.

dont j'ai essayé de saisir la signification, elles ressortent de toutes les données acquises sur l'alimentation des animaux domestiques, comme je me propose de le démontrer en détail dans une autre occasion.

Les résultats auxquels vient de me conduire l'étude de la richesse nutritive des variétés de Betteraves, comparées entre elles sous un même poids, éclairent le côté *physiologique* du problème de l'alimentation. Mais, au point de vue complet de la zootechnie, l'importance de l'étude physiologique consiste en ce qu'il sert de base nécessaire aux déductions *économiques*. Il faut donc maintenant poursuivre ces déductions, c'est-à-dire chercher quelle est la valeur économique propre de chaque variété, quelles sont celles qu'il faut préférer; il faut, dans ce but, calculer les dépenses que chacune d'elles entraîne, le rendement utile de chacune d'elles par hectare, puis faire entrer ces données comme fonctions dans la comparaison qu'il s'agit d'établir.

L'expérience dont je rends compte permet cette étude complémentaire.

Sous le rapport du rendement brut à l'hectare, les six variétés étudiées se classent dans l'ordre suivant :

La Disette blanche a produit.	**61,161**	kil. de racines.
La Betterave champêtre.. . .	**57,832**	»
La Globe rouge.	**56,293**	»
La Globe jaune.	**50,488**	»
La Silésie.	**46,734**	»
Et la Grosse jaune.	**44,260**	»

Entre le rendement le plus élevé et le rendement le plus faible, la différence a donc été de 16 à 17 mille kilogrammes par hectare, quantité notable dont j'apprécierai plus loin la véritable valeur.

En moyenne, le rendement a été de 53,000 kilogrammes en nombre rond. Trois variétés, la *Disette blanche*, la *Betterave champêtre* et la *Globe rouge*, dépassent cette moyenne; les trois autres variétés restent au-dessous.

Dans leur travail sur les racines alimentaires, MM. Girardin et du Breuil ont indiqué les rendements de huit variétés de Betteraves, cultivées par eux dans divers terrains. Si l'on extrait, des tableaux où sont résumées les observations de ces agronomes, les faits relatifs à quatre variétés qui ont été aussi étudiées dans notre expérience, et obtenues dans un sol analogue au nôtre, dans un sol argileux, on trouve que ces quatre variétés se placent dans l'ordre suivant, quant à leur pouvoir productif :

La *Silésie* a donné.. . .	48,024	kil. à l'hect.
La *Betterave champêtre*.	31,316	»
La *Globe rouge*.	19,800	»
La *Grosse jaune*.. . . .	15,200	»

Ces rendements sont notablement inférieurs à ceux qui ont été constatés pour les mêmes variétés dans notre expérience; la différence entre les rendements maximun et minimum s'élève à plus de 32,000 kilogr., et est ainsi beaucoup plus considérable que celle qui existe entre nos deux termes extrêmes. Mais, en négligeant la valeur des nombres pour ne prendre que les rapports qu'ils indiquent, on voit que la *Silésie* se place, par son rendement, en tête des autres variétés, rang qu'elle a d'ailleurs constamment occupé dans les expériences de MM. Girardin et du Breuil, quel que fût le sol choisi pour la culture. Quant aux trois autres variétés, elles observent entre elles, dans cette expérience, la position relative que leur rendement leur assigne dans la nôtre. C'est une coïncidence qui mérite d'être signalée.

Après le travail intéressant de MM. Girardin et du Breuil, deux autres observations, les seules du moins que je connaisse, nous donnent le rendement comparatif de plusieurs variétés de Betteraves, cultivées simultanément dans un même sol.

La première est celle dont M. James Reeve a rendu compte (1). Parmi les variétés étudiées par l'expérimentateur anglais, se trouvent la *Betterave champêtre*, la *Silésie*, et la *Globe jaune*; la terre qui les a portées paraît être

(1) *Farmer's magazine*, juin 1852.

d'une constitution analogue à celle de la terre dans laquelle ont été cultivées les nôtres; elle est formée de loam, de sable et d'argile. Labourée profondément en mars, hersée et roulée, elle a été ensemencée vers la fin d'avril. L'année où cette culture a eu lieu est, comme pour notre expérience, l'année 1851, qui est considérée, par toute l'Angleterre, comme ayant été plus défavorable à la culture des racines qu'aucune autre des dix années précédentes. Cependant les produits ont été considérables; car

La Betterave champêtre a produit 99,559 kil. à l'hect.
La Silésie . . . . 97,651 »
La Globe jaune . . . . 82,625 »

Ici les rendements dépassent de beaucoup les nôtres; mais, abstraction faite de la valeur absolue de ces nombres, et en ne comparant de part et d'autre que le rang occupé par les trois variétés, on voit que la *Betterave champêtre* se place, pour le comté de Surrey comme pour les environs de Paris, en tête des deux autres; dans les conditions de l'expérience anglaise, la *Silésie* s'est montrée plus productive que la *Globe jaune*, avec une différence très-importante contre celle-ci; dans notre expérience, au contraire, la *Globe jaune* l'emporte sur la *Silésie;* il est vrai qu'elle l'emporte de peu.

Le dernier renseignement dont je dispose est celui qui est relatif aux rendements obtenus par MM. Evans et Tate, de Dublin, qui ont exhibé leurs produits à Smithfield, en 1852 (1). Entre autres variétés cultivées par ces honorables exposants, figurent la *Globe rouge*, la *Globe jaune* et la *Silésie*. Le terrain exploité par M. Evans était un alluvion de marais, dont le sous-sol est formé d'argile bleue; le terrain de M. Tate était un loam léger et riche. Les deux observateurs ont employé le fumier de ferme; le premier, à la quantité de 78,462 kilogr. à l'hectare; le second, à la quantité de

(1) *Farmer's magazine*, janvier 1853.

47,077 kilogr. En faisant la moyenne des rendements obtenus dans ces conditions, pour chacune des trois variétés que j'ai nommées, on trouve que

La *Globe rouge* a produit	108,278	kil. à l'hectare.
La *Globe jaune*	105,924	»
Et la *Silésie*	62,769	»

Ces rendements l'emportent même sur ceux de M. Reeve, si ce n'est pour la *Silésie*. Mais, indépendamment de leur valeur propre, ils classent les trois variétés exactement dans l'ordre que leur assignent leurs rendements dans notre expérience.

Du rapprochement de tous ces résultats d'observations sur le rendement à l'hectare, il ressort, comme conséquence, que la *Silésie* seule a quelquefois varié dans la position que lui assigne son pouvoir productif, et que les autres variétés comparées se sont montrées constantes avec elles-mêmes, sauf la quantité qui représente chacune d'elles dans les différents cas. Cette concordance remarquable est, d'autre part, tout à fait en harmonie avec l'opinion du praticien anglais que j'ai citée plus haut, opinion qui donne ainsi et emprunte une valeur nouvelle aux résultats de l'expérience directe.

Mais, pour la nourriture des animaux, c'est bien moins le poids total des racines qu'il faut comparer, que la quantité de matières nutritives fournies par chaque variété sur un hectare. Ce rendement est, en définitive, le seul utile à connaître, et aucun observateur ne l'a, jusqu'ici, expérimentalement apprécié. Cette détermination est possible, avec les données de notre expérience.

Une première manière d'évaluer en bloc la somme des matières alimentaires produites par un hectare, consiste à chercher quel est le nombre de rations quotidiennes d'un même poids, que fournit un hectare cultivé en Betteraves de chacune des variétés dont il est question dans ce mémoire. Or, si l'on considère d'abord que les six variétés se sont montrées, d'une façon générale, comme douées d'une valeur nutritive peu différente, et que la quantité complémentaire de Betteraves ajoutée au foin de pré a été de **25** kilogrammes par tête et par jour, on trouve que, pour des conditions semblables, le nombre de rations quotidiennes de Betteraves serait, par hectare, de :

	2446	pour	la Disette blanche;
	2313	»	la Betterave champêtre;
	2252	»	la Globe rouge;
	2020	»	la Globe jaune;
	1869	»	la Silésie;
Et	**1770**	»	la Grosse jaune.

De sorte que, si l'on représente par **100** le nombre de rations quotidiennes ainsi calculées, fournies par la variété qui s'est montrée la moins productive, c'est-à-dire par la *Grosse jaune*, le pouvoir productif des autres variétés, apprécié d'après la somme de rations de 25 kil. obtenues à l'hectare, serait exprimé par les rapports suivants :

Grosse jaune,	**100**;
Silésie,	**106**;
Globe jaune,	**114**;
Globe rouge,	**127**;
Betterave champêtre,	**131**;
Disette blanche,	**138**.

Il faut remarquer maintenant que ces rapports sont trouvés d'après l'hypothèse un peu trop absolue que les six variétés jouissent d'une valeur nutritive exactement égale; or, on se rappelle que la variété *Globe rouge* s'est montrée supérieure aux autres dans l'alimentation des Bœufs; cette supériorité pourrait donc compenser son rendement moindre et la rapprocher de la *Disette blanche* et de la *Betterave champêtre*. Par contre, ces deux dernières variétés que leur rendement place les premières, ont paru, dans l'expérience, douées d'une valeur nutritive plus faible que celle de la variété *Globe rouge*; leur pouvoir nutritif baisserait donc à peu près comme s'élèverait celui de la *Globe rouge*. De sorte que, en dernière analyse, et toute compensation faite de la faculté nutritive et du rendement utile à l'hectare, les trois variétés ***Globe rouge*, *Betterave champêtre*** et ***Disette blanche*** formeraient un groupe d'une valeur économique semblable.

Un autre groupe, inférieur au précédent, serait constitué par la *Grosse jaune*, la *Globe jaune* et la *Silésie*, variétés pour lesquelles la valeur nutritive propre et le rendement à l'hectare se balancent à peu près.

Ce premier jugement sur la valeur des Betteraves n'est que sommaire; on arrivera à une appréciation plus exacte des ressources réelles fournies par chaque variété de Betteraves, en calculant la quantité de matières utilisables par les animaux que chacune d'elles produit par hectare. C'est cette seconde méthode plus rigoureuse que je veux essayer d'appliquer maintenant aux résultats de l'expérience.

S'il est vrai que la ration d'entretien produit son effet utile en raison composée de sa teneur en matières azotées et en matériaux destinés à la fonction respiratoire, on connaîtra la somme de substances nutritives produites par un hectare, en cherchant la quantité de ces deux ordres de matières accumulée par la récolte. Le tableau suivant présente ce calcul.

VARIÉTÉS de BETTERAVES.	RENDEMENT en poids par hectare.	MATIÈRES ASSIMILABLES PAR HECTARE.		
		Mat. azotées.	Mat. respirat.	Somme.
	k.	k.	k.	k.
B. Disette blanche...	61161	932,71	4446,40	5379,11
B. Globe rouge.....	56293	1463,62	3559,41	5023,03
B. Globe jaune.....	50488	842,64	3422,08	4264,72
B. Champêtre.......	57832	643,67	3200,42	3844,09
B. Grosse jaune....	44260	732,95	2921,16	3654,11
B. Silésie..........	46734	540,25	2586,26	3126,51

En comparant ensemble la première et la dernière colonne de chiffres, on voit d'abord que la somme des matières assimilables produites sur un hectare, n'est pas proportionnelle au rendement en poids de chacune des variétés. C'est ainsi que la *Betterave champêtre*, classée la seconde par son rendement en poids, n'a que le quatrième rang par la somme de ses principes digestibles. Ce fait s'ajoute aux considérations physiologiques, pour établir que la détermination des principes utilisables obtenus sur un hectare est la seule méthode qui puisse rendre exactement compte de la valeur comparée des plantes, quand on les applique à l'alimentation des animaux.

Cette somme de matières que l'économie animale peut utiliser à son profit, varie d'une variété à l'autre, et les deux termes extrêmes, la *Betterave Disette blanche* et la *Silésie* diffèrent entre elles pour plus de 2,000 kilogrammes. Mais les sommes diverses, correspondant à chacune de nos six variétés, ne sont pas constituées par des quantités semblablement proportionnelles de matières azotées et de matériaux destinés à la fonction respiratoire. Ceux-ci, toujours plus considérables, s'élèvent du quadruple au quintuple de celles-là, si ce n'est pour la *Betterave Globe rouge* dans laquelle les matériaux respiratoires n'atteignent pas le triple des matières azotées. Cette association diverse des deux ordres de substances utiles n'est pas sans influence sur la valeur économique des différentes variétés. Il est facile de comprendre, en effet, que l'alimentation des animaux s'accomplira avec plus ou moins de perte pour l'éleveur, selon que le rapport naturel des matières azotées aux matériaux respiratoires contenus dans la plante, s'éloignera plus ou moins du rapport physiologique qui doit exister entre ces mêmes substances pour satisfaire aux besoins des animaux. Aussi, le véritable moyen de juger la valeur économique de nos six variétés de Betteraves consiste-t-il à savoir combien de rations chacune d'elles fournit à l'hectare, pour que chaque ration réponde aux exigences physiologiques des animaux, telles que je les ai précédemment appréciées. C'est à cette dernière détermination que conduit, en définitive, l'analyse préliminaire des faits.

Il va sans dire que la ration quotidienne d'un Bœuf de travail ne saurait se composer exclusivement de Betteraves; le volume considérable de cette ration et son poids, qui s'élèverait, pour certaines variétés, de 80 à 90 kilogrammes et plus, s'opposeraient à une consommation en temps utile et à une assimilation complète et normale. Une partie de la ration doit être formée d'aliments plus substantiels, de foin, par exemple, comme dans cette expérience, et la Betterave doit être ajoutée comme complément. La physiologie et la pratique sont, sur ce point, parfaitement d'accord.

La ration complémentaire de Betteraves qu'il est nécessaire d'ajouter à la ration principale en foin, varie naturellement avec la richesse de la Betterave et avec celle du foin. En restant dans les données de cette expérience, quant à la quantité proportionnelle pour laquelle le foin figurait dans les rations, et quant à la richesse totale de ces rations pour les animaux de différents poids, on trouve que le foin peut entrer pour 10 kilogrammes dans la ration quotidienne des Bœufs pesant 600 kilogrammes environ, et pour 12 kilogrammes, à peu près, dans la ration quotidienne des Bœufs du poids de 700 à 800 kilogrammes. Cette base est celle qu'adopte généralement la pratique dans de semblables conditions, en donnant aux animaux deux bottes à deux bottes et demie de foin comme fond de la ration.

		Mat. azot.	Mat. resp.
Les 10 kil. de notre foin apporteraient aux bœufs de	600 k.	0^k,424 ;	2^k,021
Les 12 — — —	700 à 800 k.	0^k,509 ;	2^k,426

Les Betteraves, quelle qu'en soit la variété, devraient donc, pour parfaire les rations normales déterminées plus haut, fournir :

0^k,560	de mat. azot. et	1^k,735	de mat. respirat.	pour les bœufs	de 600 k.
0^k,471	—	1^k,956	—	—	de 700 à 750 k.
et 0^k,611	—	2^k,582	—	—	de 750 à 800 k.

Ces idées adoptées et ces nombres admis, il est facile de savoir combien chaque variété de Betteraves produit de rations complémentaires par hectare pour les Bœufs des trois catégories précédentes; quelle est la quantité moyenne de ces mêmes rations, et quel est le poids de chaque ration quotidienne en Betteraves. Ce sont ces calculs que présente le tableau suivant, en regard du rendement en poids de chaque variété.

VARIÉTÉS de BETTERAVES.	RENDEMENT en poids par hectare.	NOMBRE de rations quotidiennes par hectare, complémentaires de 10 ou 12 k. de foin, pour des bœufs pesant			NOMBRE moyen de rations complémentaires par hectare.	POIDS de la ration quotidienne complémentaire.
		600 k.	700 à 750 k.	750 à 800 k.		
	k.	r. c.	r. c.	r. c.	r. c.	k.
B. Globe rouge.....	56293	2085	1876	1407	1789	31
B. Disette blanche..	61161	1698	2039	1529	1755	34
B. Globe jaune.....	50488	1529	1741	1328	1533	32
B. Grosse jaune.....	44260	1341	1526	1135	1334	33
B. Champêtre.......	57832	1157	1377	1071	1202	48
B. Silésie.........	46734	974	1168	899	1014	46

De la comparaison de ces nombres ressortent plusieurs conséquences intéressantes.

La variété *Globe rouge* est celle qui fournit le plus grand nombre de rations complémentaires à l'hectare; la *Silésie* est celle qui en donne le plus petit nombre. Entre les produits de ces deux variétés, la différence est de près de 800 rations complémentaires. D'un autre côté, le poids de chaque ration est de 31 kilogrammes pour la *Globe rouge*, tandis qu'il est de 46 kilogrammes pour la *Silésie*, différence tout à fait favorable à la première, qui offre ainsi à l'animal la quantité de matières utiles sous une masse moins considérable. La Betterave *Globe rouge*, qui, à poids égal, s'est montrée douée d'une valeur nutritive plus grande que celle des cinq autres variétés, se montre donc aussi la plus productive en matières assimilables, sur une même surface cultivée. Cette double supériorité physiologique et économique ne doit-elle pas appeler l'attention des agriculteurs sur la variété *Globe rouge*, la plus riche en matières azotées, et ne semble-t-elle pas la désigner comme devant se prêter avantageusement à la création d'une variété spécialement destinée à la nourriture du bétail, si l'on voulait poursuivre cette création comme on a cherché, dans la *Silésie*, une variété particulièrement propre à la fabrication du sucre?

Après la Betterave *Globe rouge* et tout près d'elle, se place la *Disette blanche*, suivie, à une distance plus marquée, par la *Globe jaune*. Ces trois variétés dépassent sensiblement la moyenne du rendement à l'hectare en rations complémentaires de nos six variétés comparées entre elles; elles forment un premier groupe de valeur économique plus élevée.

Un second groupe, inférieur au précédent, est constitué par les trois autres variétés, la Betterave *Grosse jaune*, la Betterave *champêtre* et la *Silésie*, dont le rendement en rations complémentaires reste au-dessous de la moyenne.

Dans le premier de ces groupes, le nombre des rations complémentaires s'élève de 15 à 1800 par hectare; dans le second, ce nombre monte de 1000 à 1300.

Je répéterai ici une observation que j'ai eu l'occasion de faire : le rendement en rations par hectare, n'est pas proportionnel au rendement en poids. La *Disette blanche* dont le rendement en poids a été le plus élevé, n'occupe que le second rang pour le rendement en rations; et la Betterave *champêtre* qui se classe la seconde pour son rendement en poids, n'est que la quatrième pour son rendement en rations. C'est donc le nombre de rations obtenues à l'hectare, qui peut seul mesurer exactement la valeur des plantes destinées à la nourriture des animaux domestiques, en exprimant à la fois leur valeur alimentaire et leur valeur économique.

En étudiant, dans le tableau précédent, les colonnes où sont indiquées les rations complémentaires pour des Bœufs de 600, 700 et 800 kilogrammes, on remarque que le nombre de ces rations ne croît ni ne décroît pour chaque variété, en raison du poids des animaux; que la Betterave *Globe rouge* fournit plus de rations quand on l'emploie pour des Bœufs de 600 kilogramm., que lorsqu'on la donne aux Bœufs de 700 et de 800 kilogrammes; que toutes les autres variétés produisent un plus grand nombre de rations quand elles sont distribuées aux Bœufs de 700 kilogrammes, que lorsqu'on les destine aux Bœufs de 600 et de 800 kilogrammes. Ces différences résultent, comme je l'ai déjà fait sentir plus haut, de ce que le rapport entre les deux ordres de matières assimilables contenues dans les plantes, n'est pas le même que le rapport exigé par les besoins physiologiques des animaux entre ces deux mêmes ordres de substances. C'est généralement pour les Bœufs du poids de 700 à 750 kilogrammes que la coïncidence est la plus complète; ce serait donc pour ces Bœufs que la consommation aurait lieu avec le moins de perte. N'est-ce pas par des raisons de cette nature que pourrait s'expliquer l'opinion exprimée par des praticiens, que telle plante ou telle variété est plus avantageuse qu'une autre, quand elle est consommée par des animaux de telle ou telle dimension?

La comparaison des deux groupes que j'ai tout à l'heure distingués, serait incomplète, si je n'ajoutais que dans le premier groupe, composé des Betteraves *Globe rouge, Disette blanche* et *Globe jaune*, le nombre des grosses racines a été plus considérable que dans le second, circonstance favorable pour le chargement et le déchargement des voitures, et dans toutes les manipulations qu'exigent la récolte, le transport et l'emmagasinement. De plus, il est de remarque générale que la production des feuilles décroît comme augmente la grosseur des racines, de sorte que, pour ce premier groupe, plus que pour le second, le produit principal en racines réduit la quantité des parties alimentaires qui ne peuvent être gardées, et, souvent même, restent sans emploi. Il est vrai que, d'après des expériences récentes faites en Angleterre, confirmant des expériences faites déjà en France (1), les racines de petite dimension paraissent être plus riches que les grosses racines en matières utiles, et que les avantages de celles-ci se trouvent dès lors plus que compensés. La question posée à ce point de vue mérite d'être étudiée, et la culture doit chercher par quels moyens elle pourrait augmenter le rendement à l'hectare en racines de petite dimension.

Par la netteté de leur forme, leur régularité, l'absence de bifurcations et la densité de leurs tissus, les Betteraves *Globe rouge* et *Globe jaune* présentent, en outre, de grandes facilités pour le nettoiement, et moins de perte dans toutes les manœuvres auxquelles donne lieu la mise en consommation de ces racines.

Pour compléter l'appréciation de la valeur réelle de nos six variétés, il reste à évaluer les dépenses qu'occasionnent la culture et la récolte de chacune d'elles, en regard du rendement utile qu'elle donne.

Il est clair que, jusqu'au moment de la récolte, chaque variété exigera un travail identique, entraînera des frais égaux et sera chargée d'intérêts semblables; le coût de la semence pourrait seul introduire une différence, trop légère, d'ailleurs, pour qu'elle ne puisse être négligée. Supposons donc que chaque variété soit cultivée par la méthode du repiquage, et adoptons le calcul que M. de Dombasle présente pour cette culture (2). Il est superflu de faire remarquer que les frais seraient moindres, si l'on procédait par semis en place; qu'ils s'élèveraient ou diminueraient si le loyer du sol grandissait ou s'abaissait, et que la valeur absolue des chiffres changerait si l'on suivait une autre autorité; mais les rap-

(1) *Farmer's magazine*, août 1853.

(2) *Annales de Roville*, 7e livraison, p. 253-260.

ports entre les variétés étudiées ne changeraient pas, et ce sont ces rapports seulement que je cherche à établir.

Suivant M. de Dombasle, les dépenses pour les opérations diverses de la culture, le fumier, le plant en pépinière, ajoutées aux frais généraux et à un loyer de 60 francs, forment un nombre rond de 300 francs par hectare. Chaque variété de Betteraves aura donc coûté cette somme jusqu'au jour où commence la récolte.

Si la récolte se fait à la tâche et à un prix moyen déterminé par hectare, il est évident qu'elle entraînera des frais semblables pour chaque variété; que dès lors chaque variété sera finalement chargée de frais tout à fait semblables, et que l'avantage définitif restera à celle qui aura produit le plus grand nombre de rations par hectare.

Si, au contraire, la récolte se fait à la journée, les frais différeront pour chaque variété : ils seront proportionnels au rendement en poids, tandis que le bénéfice sera proportionnel au rendement en rations. Dans cette combinaison des éléments du problème, on conçoit qu'il pourrait s'établir des compensations telles, que les frais de récolte, moindres pour une variété moins productive, rendissent le prix de revient définitif de la ration inférieur, pour cette variété, au prix de revient de la ration d'une variété plus féconde. En fin de compte, celle-ci pourrait perdre les avantages économiques de sa productivité, en raison de sa productivité même. Il n'est pas sans intérêt d'envisager la question sous cette dernière face.

D'après les données fournies par M. de Dombasle, l'arrachage des racines, leur nettoyage, leur transport, le chargement, le déchargement et l'emmagasinage coûteraient, à la journée, environ 2 fr. 55 cent. les 1,000 kilogrammes. Ce prix s'abaisserait pour les variétés dont l'arrachage est rendu plus facile par leur développement hors de terre. Mais en négligeant cette faible différence et en calculant les dépenses qu'occasionnerait chaque variété, en raison de son rendement en poids, puis, en ajoutant à la somme ainsi trouvée, les frais de culture tels qu'ils ont été fixés précédemment, on trouve que le prix de la ration quotidienne ressortirait

à 25 cent.	pour la Betterave	Globe rouge,
à 26	—	Disette blanche,
à 28	—	Globe jaune,
à 31	—	Grosse jaune,
à 37	—	Champêtre,
et à 41	—	Silésie.

L'avantage définitif reste donc à la variété *Globe rouge*, près de laquelle se placent la ***Disette blanche*** et la ***Globe jaune***, celle-ci possédant, d'ailleurs, comme je l'ai dit déjà, quelques caractères qui la recommandent spécialement.

Un peu au-dessous de ce premier groupe se place la B. *Grosse jaune*; et, à une distance plus marquée, la B. *Champêtre* et la *Silésie* prennent rang.

C'est là le résultat dernier auquel s'arrête la longue et complexe analyse des faits fournis par l'expérience. Il peut éclairer à la fois celui qui cultive et nourrit, celui qui cultive pour vendre, et celui qui achète pour consommer. Il fournit aussi un élément important pour calculer le prix de revient du travail des animaux.

En rapprochant ici les unes des autres, les conséquences directes et les inductions que j'ai tirées de l'expérience dans le cours de ce mémoire, elles peuvent se résumer de la manière suivante :

1. Les variations que les Bœufs ont éprouvées dans leur poids, se sont produites sous la double influence du travail qu'ils ont accompli et de la somme de matières assimilables qu'ils ont reçues dans leur ration. Ce résultat pourrait se formuler ainsi, d'une manière générale :

A *ration égale*, les animaux perdent en poids en raison directe du travail qu'ils produisent;

Les gains ou les pertes en poids répondent généralement à la quantité plus ou moins grande de matières assimilables, c'est-à-dire de matières azotées et de matériaux destinés spécialement à la respiration, que contient la ration d'*entretien.*

2. En dehors de ces deux causes qui se constatent et se mesurent, il se manifeste aussi, dans le poids vivant des animaux, des oscillations dues à des causes physiologiques encore inappréciées, et dont il importe de déterminer l'amplitude, pour ne pas les attribuer au travail ou au régime.

Les oscillations de cette nature, évaluées sur l'ensemble de cette expérience, n'ont pas dépassé les limites normales des variations que subissent les animaux à l'entretien, telles, du moins, que j'ai pu les fixer d'après une expérience précédente sur les Chevaux.

3. Ce fait vérifié, et toute compensation faite entre les causes appréciables de variations dans le poids vif des Bœufs de travail, on trouve que les six variétés de Betteraves, objet de l'expérience, se sont montrées douées d'une valeur nutritive presque semblable, *à poids égal.* La variété *Globe rouge* paraît toutefois posséder une valeur nutritive un peu plus grande, et la variété *Silésie*, une valeur un peu moindre que celle des autres variétés étudiées.

4. La valeur alimentaire des six variétés ainsi précisée, est en harmonie avec leur richesse en matières azotées et en matériaux destinés à la respiration.

Cette observation, rapprochée du fait général que les gains et les pertes restent proportionnels à la somme des matières assimilables, et rapprochée aussi des résultats d'autres expériences, conduirait à établir, comme une sorte de loi, que, pour les animaux à l'*entretien*, la valeur nutritive des aliments est en raison composée de leur teneur en matières azotées et en matériaux respiratoires.

5. Comme ces deux ordres de substances essentielles se trouvent, suivant les aliments, associés de manière différente avec l'eau et les matières qui échappent à la digestion ; comme ils sont ainsi présentés aux animaux sous des volumes très-

divers, les fourrages ne se peuvent comparer, quant à leur effet utile, qu'autant que leur constitution générale et leur état sont analogues.

On est donc conduit à distinguer, parmi les fourrages, des catégories dont la différence résulte de la différence de constitution chimique et physique des aliments. Par suite, on est forcé d'admettre que tous les fourrages dont dispose la Zootechnie, ne forment pas une série continue de termes tous comparables entre eux; et que, par conséquent, il n'est pas possible de représenter exactement la valeur alimentaire d'un fourrage par un nombre constant, d'après une unité invariable.

La seule comparaison rigoureuse est celle qu'on peut établir entre les fourrages de constitution semblable composant un même groupe. Ce n'est que d'une manière tout à fait sommaire qu'on pourrait comparer les groupes entre eux par équivalents généraux.

Même avec ces restrictions, il faut remarquer que l'effet utile d'un même aliment peut varier avec la proportion pour laquelle cet aliment entre dans la composition des rations.

6. Au reste, quelle que soit la méthode de rationnement et quels que soient les aliments employés, les animaux ont besoin de recevoir, pour leur *entretien*, une quantité déterminée de matières azotées et de matériaux respiratoires, qui n'est pas rigoureusement proportionnelle à leur poids vif : elle est plus considérable pour les animaux d'un poids moindre.

Cette conclusion paraît être générale ; elle résulte non-seulement des faits acquis dans cette expérience, mais aussi de ceux que j'ai recueillis dans mon expérience sur l'alimentation des Chevaux. Le résumé suivant met ce résultat en évidence, en même temps qu'il précise la quantité de matières assimilables nécessaire à l'*entretien* des animaux de poids différents :

Pour 100 kilogr. de poids vif et par jour,

			Matières azotées.	Matières respir.
les chevaux du poids de	400 à 450 k.	exigent	207 gr.	670 gr.
—	500 à 550	—	193	631
Les bœufs du poids de	600 à 650	—	164	626
—	700 à 750	—	140	626
—	750 à 800	—	135	620

7. Les conséquences qui précèdent sur la valeur *physiologique* des six variétés de Betteraves, sur l'importance et le rôle des matières assimilables qui les composent, snr les exigences des animaux, fournissent une base pour apprécier la valeur *économique* de chacune d'elles.

En comparant le rendement utile en matières assimilables au rendement en poids brut par hectare, on trouve que ces deux rendements ne sont pas proportionnels pour nos six variétés de Betteraves. Le rendement utile est donc celui qu'il est important de connaître, et un moyen de l'apprécier est de compter le nombre de rations que chaque variété peut fournir à l'hectare.

Cette quantité trouvée, et toute compensation faite des frais de culture et de récolte, aussi bien que des avantages que peuvent offrir la forme, la régularité, la dimension des racines, l'absence de bifurcations, la densité des tissus, il résulte, en dernière analyse,

Que les Betteraves *Globe rouge*, *Disette blanche* et *Globe jaune* se placent à peu près sur une même ligne, dans l'ordre où je viens de les nommer, et forment un premier groupe de valeur économique plus élevée;

Que la Betterave *Grosse jaune* prend rang un peu au-dessous de cette première catégorie, et un peu au-dessus de la seconde, qui est formée par les Betteraves *champêtre* et *Silésie*.

8. Une circonstance qu'il ne faut pas perdre de vue, c'est que *toutes* ces conséquences ne se rapportent qu'aux animaux à l'*entretien*; j'entends les animaux adultes auxquels on

ne demande que le produit de leur travail. Elles seraient bien différentes s'il s'agissait de bêtes à l'engrais, de femelles laitières, ou d'animaux placés dans d'autres conditions zootechniques.

9. Les faits sur lesquels reposent les conséquences que j'ai dû rigoureusement tirer de cette expérience, relativement à la valeur physiologique et économique des Betteraves, se répéteront-ils, dans tous les cas, absolument les mêmes? On est tenté d'abord de répondre négativement.

On conçoit, en effet, que, d'un terrain à un autre, les produits peuvent changer; on comprend même que, d'une année à une autre, les produits des diverses variétés ne restent pas proportionnels entre eux dans un même terrain ; car les influences extérieures ne combinent pas leur action, deux années de suite, de la même manière, ni aux mêmes époques de la végétation, et leurs effets diffèrent avec le degré de développement de la plante, avec la forme des racines, qui varie de la sphère régulière au pivot allongé, avec la profondeur à laquelle les Betteraves s'enfoncent dans le sol, les unes demeurant tout à fait exsertes, les autres se cachant complétement.

Toutefois, il ne serait pas impossible que les résultats, très-différents quant aux nombres absolus qui les représenteraient, restassent comparables quant aux rapports généraux qui les lient dans cette expérience. Les exemples que j'ai cités dans le courant de ce travail semblent autoriser cette hypothèse.

PARIS. — IMPRIMERIE DE Mme Ve BOUCHARD-HUZARD, RUE DE L'ÉPERON, 5.

www.ingramcontent.com/pod-product-compliance
Ingram Content Group UK Ltd.
Pitfield, Milton Keynes, MK11 3LW, UK
UKHW021500260726
13993UKWH00004B/1505